Clever umbauen

Komfortabel in die besten Jahre

Autorin: Carina Frey. Sie ist freie Journalistin und war mehrere Jahre bei der Deutschen Presse-Agentur (dpa) für den Themenbereich Senioren verantwortlich.

1. Auflage, Oktober 2014, 6.000 Exemplare

© Verbraucherzentrale NRW, Düsseldorf

ISBN 978-3-86336-041-2

Printed in Germany, gedruckt auf 100 % Recyclingpapier

Inhalt

Liebe Leserin, lieber Leser,

das eigene Zuhause ist für die meisten Menschen der wichtigste Rückzugsort. Dort fühlen sie sich wohl, können sich fallen lassen und erholen. Sie machen es sich dort schön, investieren viel Geld in Einrichtung und Ausstattung. Wer seine Kinder im Haus aufwachsen sieht, verbindet mit jeder Ecke Erinnerungen. Kein Wunder also, dass den meisten Menschen ihr Zuhause heilig ist und sie dort so lange wie möglich wohnen bleiben möchten. In manchen Häusern ist das kein Problem. Sie sind von vornherein so konzipiert, dass sie sich ohne großen Aufwand an verändernde Bedürfnisse anpassen lassen. Die Regel ist das nicht. Meistens sind kleinere oder größere Umbauten notwendig, um ausreichend Bewegungsflächen zu schaffen und Barrieren wie Stufen und Schwellen zu beseitigen.

Wer frühzeitig an solche Umbauten denkt, schafft die Voraussetzungen, um lange frei und uneingeschränkt zu Hause wohnen zu können. Und nebenbei wird der Alltag leichter. Denn schwergängige Türen, enge Bäder, hohe Schwellen und tief in der Ecke sitzende Steckdosen braucht niemand. Eine große bodengleiche Dusche ist für alle Bewohner deutlich komfortabler als enge Duschkabinen. Und wer erst mal Schränke mit Vollauszügen in der Küche kennengelernt hat, fragt sich, warum er jahrelang auf die Knie ging, um in der hintersten Ecke des Unterschranks einen Topf herauszusuchen.

Nicht alle Ein- und Umbauten sind sofort notwendig. Oft reicht es, vorauszudenken und bei einer anstehenden Modernisierung einige Vorarbeiten mit in Auftrag zu geben – damit im Fall der Fälle kein erneuter Umbau notwendig wird. Wer gut auf den Beinen ist, braucht keine Haltegriffe an der Badewanne. Trotzdem lohnt es sich, bei einer Badmodernisierung an solche Griffe zu denken. Werden die Fliesen im Bad ausgetauscht, ist es keine große Sache, die Wand zu verstärken, um Haltegriffe nachrüsten zu können. Sie werden sich aber ärgern, wenn die neuen Fliesen an der Wand hängen und Sie erst dann merken, dass ein Griff zum Einstieg in die Badewanne praktisch wäre, die Wand aber nicht trägt.

Dieses Buch stellt Ideen vor, wie Sie sich das Leben zu Hause komfortabler gestalten können. Am Beispiel von Musterfamilien wird beschrieben, vor welchen Fragen Hauseigentümer stehen – und welche Lösungen sie wählen. Experten schildern in Interviews, worauf es bei der Planung von Umbauten ankommt und welche Erfahrungen sie bei der Wohnungsanpassung gesammelt haben.

Doch jedes Haus ist anders. Und Menschen haben unterschiedliche Vorstellungen vom Wohnen. Deshalb kann das Buch keine individuelle Fachberatung ersetzen. Sie bekommen aber viele Hintergrundinformationen, die Ihnen helfen sollen, mit Handwerkern und Planern auf Augenhöhe zu sprechen. Sie erfahren zum Beispiel einiges über die DIN-Vorschriften zum barrierefreien Bauen und zu den Technischen Mindestanforderungen der KfW – das sind Vorgaben, an die Sie sich beim Umbau Ihres Privathauses nicht halten müssen. Doch sie zeigen, worauf es in zentralen Wohnbereichen ankommt: Platz, ebenerdige Zugänge, gut erreichbare Bedienelemente. Und wenn Sie die Technischen Mindestanforderungen beachten, können Sie den Umbau über einen zinsgünstigen Kredit finanzieren. Es werden Umbauten beschrieben und Lösungen für verschiedene Wohnsituationen vorgestellt, damit Sie gut gerüstet in die Planungsphase treten können und verstehen, wovon Handwerker sprechen. Und damit Sie bei einem „Das geht nicht" entschlossen nachfragen oder sich eine Zweitmeinung holen. Denn vieles ist möglich. Schwellenfreie Hauseingänge beispielsweise sind heute technisch kein Problem. Aber nicht jeder Handwerker kennt die Möglichkeiten. Aus diesem Grund erfahren Sie in diesem Buch auch, wie Sie spezialisierte Handwerker finden können und wer bei der Planung der Umbauten hilft.

Jede Modernisierung kostet Geld. Sie sparen zwar auf lange Sicht, wenn Sie verschiedene Umbauten kombinieren und zum Beispiel im Zuge der Fassadendämmung auch den Eingangsbereich neu gestalten. Trotzdem müssen Sie die Maßnahmen erst einmal finanzieren. Das Buch nennt Förderprogramme und erklärt, wie sich die Pflegeversicherung und andere Sozialträger an Kosten beteiligen.

Informieren Sie sich, fragen Sie nach, holen Sie sich Ideen in Musterhäusern. Sie werden staunen, was es alles gibt. Je mehr Sie wissen, desto leichter fällt es Ihnen, Architekten und Handwerkern Ihre Vorstellungen zu schildern. Damit Sie nach dem Umbau sagen können: Genau so habe ich es mir gewünscht.

Bestandsaufnahme

Vieles verändert sich im Laufe des Lebens – auch die eigenen Wohnwünsche und Bedürfnisse. Wenn Sie überlegen, Ihr Haus zu modernisieren, lohnt es sich, vorher in Ruhe darüber nachzudenken, wie Sie in Zukunft leben möchten. Denn nur, wer seine Wünsche kennt, kann sie beim Umbau berücksichtigen. Und wer sein Haus vorher unter die Lupe nimmt, kann besser einschätzen, welche Arbeiten und Kosten auf ihn zukommen.

Das Konzept Universal Design

Braucht es altengerechte Häuser? Nein! In einem Haus sollen möglichst alle Menschen in allen Lebensphasen gut wohnen können: Kinder und Ältere, sehr kleine und große Menschen, Bewohner mit Rollator und Menschen mit Gipsbein. Das ist die Idee des Universal Design. Für die praktische Umsetzung dieses Konzepts wurden sechs Grundprinzipien formuliert:

1. Häuser sollen für alle Menschen nutzbar sein. Ein stufen- und schwellenloser Eingang ist für Eltern mit Kinderwagen genauso praktisch wie für Menschen mit Rollator.

2. Häuser sollen durch ihren Grundriss und ihre Ausgestaltung nicht nur eine große Vielfalt verschiedener Lebensformen zulassen, sondern sich auch gut an sich verändernde Bedürfnisse anpassen lassen. Ein großes Bad bietet Platz für die Familie, es lässt Raum für Wellness und Entspannung nach einem stressigen Arbeitstag und hat ausreichend Fläche, um eine Gehhilfe nutzen zu können.

3. Alles, was zum Wohnen wichtig ist, soll leicht verständlich sein. Sind die Lichtschalter immer auf gleicher Höhe neben der Tür angebracht, muss man im Dunkeln nicht lange nach ihnen tasten.

4. Häuser sollen so entworfen sein, dass Unfallrisiken minimiert werden. Auf einer gut ausgeleuchteten, geraden Treppe stolpert man beim Hinuntereilen nicht so leicht wie auf einer dunklen Wendeltreppe.

5. Alle Informationen sollen für alle Bewohner eindeutig verfügbar sein: Gibt die Klingel nicht nur einen Ton, sondern auch ein optisches Signal, hört man sie auch bei lauter Musik – oder wenn das Gehör nachlässt.

6. Jeder Bewohner soll sein Zuhause bequem nutzen können – unabhängig von der Körpergröße und möglichen Einschränkungen.

Universal Design heißt also, dass ein Produkt oder ein Haus für alle Menschen in allen Lebensphasen geeignet ist – nicht nur im Alter. Auch eine junge Familie profitiert, wenn sie im Vorraum hinter der Tür Platz für den Kinderwagen hat und der Nachwuchs nicht auf glitschigen Fliesen im Bad ausrutscht. Häuser im Universal Design sind so gebaut, dass Menschen lange selbstständig in ihnen leben können. Leider sind sie die Ausnahme – was nicht heißt, dass Sie Ihr Haus nicht auch komfortabler gestalten und sich damit das Leben einfacher machen können.

Tipp

Jedes Jahr werden Produkte, die den Prinzipien des Universal Design besonders gerecht werden, mit dem Universal Design Award ausgezeichnet. Eine Experten- und eine Verbraucherjury wählen Produkte aus, die flexibel nutzbar, einfach, intuitiv und sicher zu bedienen sind. Die Bandbreite ist groß: Unter den Preisträgern finden sich zum Beispiel eine schwellenlose Dichtung für Türen, eine USB-Steckdose oder ein Sicherheitslicht für Skifahrer: www.if-universaldesign.eu, Stichwort „Preisträger".

Komfortabel wohnen – was ist das?

In erster Linie meint das: Bewegungsfreiheit. Wer sich in seinen eigenen vier Wänden so bewegen kann, wie er möchte, hat Handlungsspielraum. Er kann alle Räume nutzen und selbst entscheiden, wo er wann was machen will. Er kann nach seinen Bedürfnissen leben – eine wichtige Voraussetzung, um sich wohlzufühlen.

Bewegungsfreiheit heißt, Platz zu haben und sich breitmachen zu dürfen. Es meint aber auch, nicht an Hindernissen stecken zu bleiben. Kurz: barrierefrei zu leben. Bei einer Barriere denkt man üblicherweise an Schwellen oder Stufen. Doch sie stellen nur eine Form von Barrieren dar. Auch enge Türen, schmale Flure oder verwinkelte Badezimmer können stören und nerven. Gleiches gilt für Lichtschalter, Steckdosen oder Fenstergriffe die sich nur auf dem Boden kauernd oder gestreckt stehend betätigen lassen.

Wenn Sie Ihr Haus komfortabler gestalten wollen, zählen vor allem folgende **fünf Aspekte**.

1. Ausreichend Bewegungsflächen

Platz ist Luxus. Wer viel Platz hat, kann sich ungehindert bewegen – und zwar auch mit Gipsbein oder mit einem Kind auf dem Arm. Oft lässt sich schon durch Umräumen Platz schaffen. Manchmal muss man aber umbauen. Wenn Sie bei anstehenden Modernisierungen daran denken, Bewegungsflächen zu schaffen, machen Sie sich das Leben zu Hause einfacher. Und Sie tun einiges dafür, auch in Zukunft eigenständig leben zu können. An allen strategisch wichtigen Wohnbereichen sollte eine Fläche von 120 × 120 cm, besser 150 × 150 cm frei bleiben. Warum? Weil sich der Bewegungsradius in verschiedenen Lebenssituationen vergrößert: Wer einen Gipsarm hat, benötigt einen Kreis von 80–100 cm Durchmesser, um sich drehen zu können. Mit einem Baby auf dem Arm und einer Tasche in der Hand sind es schon 100–120 cm Durchmesser. Mit zwei Gehstöcken oder einem Rollator vergrößert sich die notwendige Bewegungsfläche auf 130 × 130, mit einem Rollstuhl auf 150 × 150 cm.

Besonders angenehm sind diese Freiflächen in Wohnbereichen, die Sie tagtäglich nutzen: im Bad, vor und hinter der Eingangstür, in der Küche. Und auch im Schlafzimmer neben dem Bett, an Schränken und vor dem Sofa können Sie diesen Platz gebrauchen. Wenn Sie die Eingangstür austauschen, ist das eine gute Gelegenheit, Windfang und Flur umzugestalten. Soll die Außentreppe am Haus erneuert werden, lässt sich vor der Tür zusätzlich Platz schaffen. Bei der Modernisierung des Bades können Sie durch die Anordnung der Sanitärobjekte oder den Einbau einer bodengleichen Dusche mehr Bewegungsfläche bekommen. Sie werden sich über die freien Flächen freuen – nicht nur, wenn Sie große Sachen durch das Haus tragen oder sich vorübergehend eingeschränkt bewegen können.

2. Breite Türen

Wie oft haben Sie sich schon mit einem Tablett in der Hand oder dem Wäschekorb unter dem Arm seitlich durch eine Tür geschoben? Ist das bequem? Nein. Muss das sein? Auch nicht. Nur

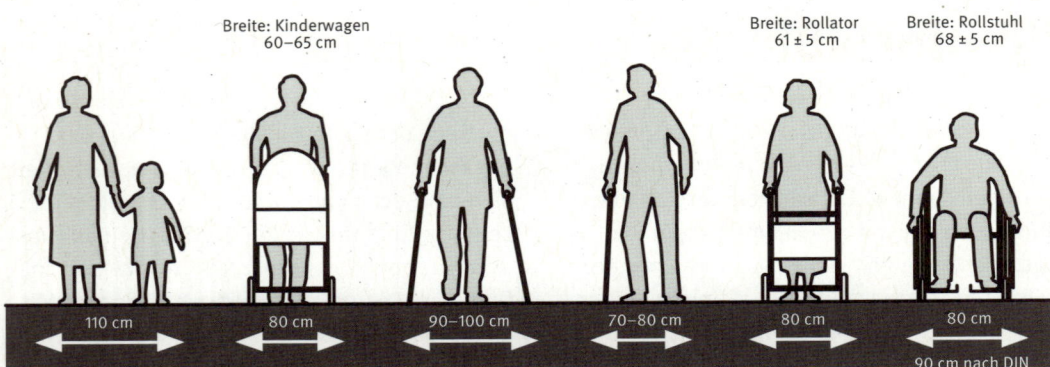

Notwendige Bewegungs- bzw. Begegnungsbreiten.

Breite: Kinderwagen 60–65 cm

Breite: Rollator 61 ± 5 cm

Breite: Rollstuhl 68 ± 5 cm

110 cm 80 cm 90–100 cm 70–80 cm 80 cm 80 cm 90 cm nach DIN

wenn alle Türen in Ihrem Haus breit genug sind, können Sie auch alle Räume nutzen – und zwar unabhängig von der Lebenssituation. Ein gesunder Erwachsener braucht rund 60 cm Durchgangsbreite, mit einem Gehstock sind es schon 70–80 cm. Sind alle Türen mindestens 80 cm breit, passt auch ein Kinderwagen oder Rollator bequem hindurch.

Beispiel

Früher tummelten sich fünf Personen im Einfamilienhaus von Familie Foster. Herr und Frau Foster kauften es Anfang der 1980er Jahre und zogen dort ihre drei Mädchen groß. Früher mussten sie deutlich mehr aufs Geld achten, was man zum Beispiel der Badausstattung ansieht. Die Töchter sind inzwischen aus dem Haus, haben aber an vielen Ecken ihre Spuren hinterlassen. Frau Foster möchte mehr Platz im Bad haben und weder die klapprige Duschwand noch die orange-braunen Badfliesen länger sehen. Gleichzeitig ist es ihr wichtig, dass Sie das Bad nicht noch einmal umbauen muss, wenn sie irgendwann unbeweglicher wird.

Oft sind Badezimmertüren – und manchmal auch Balkontüren – deutlich schmaler. Dann ist es ärgerlich, wenn zum Beispiel mit dem Rollator kein Durchkommen möglich ist. Planen Sie, die Fenster energetisch zu sanieren oder das Bad umzubauen? Dann ist es sinnvoll, diese Türen gleich mitverbreitern zu lassen.

Tipp

Wenn Sie absehen können, dass ein Angehöriger auf einen Rollstuhl angewiesen sein wird, sollten Sie die Türen auf 90 cm verbreitern lassen.

3. Stufen- und schwellenlose Zugänge

Jede Stufe stoppt. Und jede Schwelle ist eine potenzielle Stolperfalle, weil man leicht an ihr hängen bleibt. In einem stufen- und schwellenlosen Haus können sich alle gut bewegen, ob Kinder auf dem Rutschauto oder Menschen mit Rollator. Fast alle Häuser haben nun mal Stufen und Schwellen: Außentreppen führen ins Haus, Innentreppen ins Obergeschoss. Das lässt sich nicht grundsätzlich ändern. Es lohnt sich aber, früh über Alternativen nachzuden-

Neu eingebaute Haustür mit Schwelle niedriger als 2 cm.

Ein schwellenfreier Terrassenausgang dank Magnetdoppeldichtung.

ken. Ließe sich bei Bedarf eine Rampe im Vorgarten anlegen? Wäre ein Zugang zum Haus über den Garten und die Terrasse möglich? Ist das Treppenhaus breit genug für einen Lift oder das Erdgeschoss groß genug, um nur noch unten zu wohnen?

Ein schwellenfreier Hauseingang mit Wasserablauf außen und niveaugleich eingelassener Fußmatte innen.

Beispiel

Familie Kowalski zog Anfang der 1980er Jahre in ihr Reihenendhaus ein. Eine der erwachsenen Töchter wohnt mit ihren Kindern im gleichen Ort. Herr und Frau Kowalski sind in Rente und kümmern sich viel um ihre zwei Enkelkinder, die regelmäßig über Nacht bleiben. Sie schlafen dann in den früheren Kinderzimmern im ersten Stock. Das Erdgeschoss besteht aus Wohn- und Esszimmer, Küche, Gäste-WC und Abstellraum. Herr Kowalski hat Arthrose in den Knien, Stufen machen ihm zunehmend Probleme. Seine Frau merkt, dass sie nicht mehr so gut sieht wie früher. Beide möchten in ihrem Haus wohnen bleiben, Sie überlegen, im Erdgeschoss ein Schlafzimmer einzurichten.

Mit Stufen müssen wir ein Stück weit leben, mit Schwellen nicht. Vor allem in den Innenräumen können Sie gut darauf verzichten. Wenn Sie im Zuge einer Modernisierung Türen austauschen, sollten Sie schwellenlose Mo-

delle einbauen lassen. Bei vorhandenen Türen können die Bodenschwellen abmontiert und die Türblätter von einem Tischler verlängert werden. Auch an der Haustür, der Terrassen- und der Balkontür sind ebene Übergänge heutzutage technisch möglich. Der Umbau ist allerdings aufwändiger, weil sichergestellt werden muss, dass kein Wasser von außen ins Haus dringt. Falls Sie planen, den Hauseingang oder die Terrasse umzugestalten oder den Balkon zu sanieren, ist das eine gute Gelegenheit, die dortigen Türschwellen zu beseitigen. Weniger Stolperfallen sichern Bewegungsfreiheit: Denn mit einem Rollator sind schon ein oder zwei Zentimeter ein echtes Hindernis.

Blickhöhe 120–160 cm

Bedienhöhe 80–110 cm, maximal 120 cm

Die ideale Höhe für alle finden.

4. Bedienelemente in passenden Höhen

Werden Lichtschalter und Griffe in rund 110 cm
Höhe montiert, muss sich niemand strecken
oder bücken, um sie zu bedienen. Eigentlich
sollte das selbstverständlich sein. Ist es aber
nicht. Achten Sie bei einem Umbau darauf, dass
alle Bedienelemente in bequemer Höhe positioniert werden. Das sind neben den genannten
Lichtschaltern und Griffen auch Steckdosen.
Sind sie mit rund 40 cm Abstand zum Boden
montiert, braucht keiner auf die Knie zu gehen,
um den Staubsauger oder eine Lampe einzu-
stöpseln. Und noch ein Detail macht das Leben
leichter: Werden Lichtschalter und Steckdosen
mit mindestens 50 cm Abstand zur Raumecke
angebracht, lassen sie sich besser bedienen.
Planen Sie, die Heizkörper auszutauschen?
Dann lohnt es sich, wenn Sie bei den neuen
Modellen auf die Position der Thermostatventile
achten. Sie sollten so montiert sein, dass sich
die Wärme bequem im Sitzen regulieren lässt.

5. Licht, Farbe und Kontraste

Wer seine Umgebung gut wahrnehmen kann,
bewegt sich selbstverständlicher darin. Deshalb
ist es nützlich, bei der Renovierung des Hauses
nicht nur aus ästhetischen Gründen über Licht,
Farben und Kontraste nachzudenken.

Licht können Sie kaum genug haben. Helle
Räume heben die Stimmung. Mit viel Licht
sehen Sie besser und erkennen Hindernisse
schneller. Wie wäre es, wenn am Hauseingang,
im Flur und im Treppenhaus automatisch das
Licht angeht, sobald Sie diese Bereiche betreten? Hier bieten sich Bewegungsmelder an.
Die Leuchten sollten so angebracht werden,
dass sie Sie nicht blenden.

Für den Außenbereich, den Flur und das Trep-
penhaus eignen sich besonders Lampen mit
Licht emittierenden Dioden (LED). Sie sind beim
Anschalten sofort hell und verbrauchen wenig

Farbige Wände geben Räumen eine besondere Atmosphäre.

Strom. Energiesparlampen starten dagegen erst langsam. Und Halogenlampen sind zwar preiswert zu haben, verbrauchen aber deutlich mehr Strom. Sie sollten deshalb nur in Räumen eingesetzt werden, die man selten und kurz nutzt, etwa den Kellerabgang oder die Abstellkammer.

In Küche und Bad bieten sich für die Grundbeleuchtung LED oder Energiesparlampen an. An der Arbeitsplatte und am Badezimmerspiegel brauchen Sie besonders viel Licht. Hier sollten Sie auf Lampen mit einem Farbwiedergabewert (Color Rendering Index, CRI) von mehr als 85 (Küche) beziehungsweise mehr als 90 (Bad) achten. Sie sorgen dafür, dass Speisen gut zur Geltung kommen. Und beim Schminken erkennen Sie die Farben besser.

Für das Wohnzimmer eignen sich dimmbare LED oder Energiesparlampen mit warmweißer

Gut zu wissen

Beim Einsatz herkömmlicher Dimmer oder Transformatoren kann es passieren, dass LED flackern oder gar nicht leuchten. Grund ist die zu niedrige Auslastung. Inzwischen sind aber auch speziell für LED-Lampen entwickelte Dimmer und Transformatoren erhältlich.

Farbtemperatur (2500–3000 K = Kelvin). Sie haben einen relativ großen Rotlichtanteil, was eine gemütliche Atmosphäre schafft.

Im Kontrast dazu stehen „tageslichtweiße" Lampen mit Lichtfarben von über 5300 K. Sie wirken anregend auf den Körper, weshalb sie häufig an Arbeitsplätzen eingesetzt werden.

Mit **Farbe** beeinflussen Sie die Wirkung von Räumen. Helle und kühle Farbtöne lassen

Tipp

Welche Lampen sich für welche Anwendungs-
bereiche besonders eignen, können Sie auf der
Internetseite der Verbraucherzentrale nachlesen
unter www.vz-nrw.de/licht-richtig-auswaehlen.

Weiß auf blau hat einen hohen Leuchtdichtekontrast.

Zimmer optisch größer erscheinen. Dunkle
und warme Farbtöne vermitteln das Gefühl
von Gemütlichkeit. Mit einer einzelnen bunt
gestrichenen Wand setzen Sie einen bewussten Akzent. Farben erleichtern aber auch die
Orientierung und Wahrnehmung. Hebt sich die
Treppe farblich vom Fußboden im Flur ab, sieht
man die erste oder letzte Stufe deutlich und
wird nicht ständig darüber stolpern.

Wichtiger als farbliche Unterschiede ist der
sogenannte **Leuchtdichtekontrast**. Damit ist
der Helligkeitsunterschied eines Objektes
zum Hintergrund gemeint. Er beeinflusst maßgeblich, wie gut wir visuelle Informationen
verarbeiten können. Der Grund liegt im Aufbau
des Auges: Die Sehzellen auf der Netzhaut –
Zapfen und Stäbchen – leiten Informationen
an das Gehirn weiter. Die Zapfen sorgen dafür,
dass wir farbig und scharf sehen können. Die
Stäbchen ermöglichen die Hell-Dunkel-Wahr-
nehmung. Bei schwachen Lichtverhältnissen
arbeiten die Zapfen nicht. Und bei manchen
Menschen ist die Leistungsfähigkeit der
Zapfen wegen einer Sehbehinderung eingeschränkt. Liefern aber vor allem die Stäbchen
Sehinformationen an das Gehirn, wird der

Leuchtdichtekontrast wichtig, um Hindernisse
wahr- oder Informationen aufzunehmen. Manche Materialien und Farben unterscheiden sich
stark in Bezug auf den Farbton, der Leuchtdichtekontrast ist aber nur gering. Bei einem
weißen Gegenstand vor einer roten Wand ist
der Leuchtdichtekontrast beispielsweise geringer als bei einem weißen Gegenstand vor einer
blauen Wand. Bei wichtigen Bedienelementen
wie Lichtschaltern ist es sinnvoll, auf diesen
Leuchtdichtekontrast zu achten (etwa schicke,
zeitlose andersfarbige Schalter oder Steck-
dosentattoos). Und haben Treppe und Bodenbelag im Flur einen hohen Leuchtdichtekontrast, erkennt man die erste und letzte Stufe
auch noch im Dämmerlicht gut. Wie hoch der
Leuchtdichtekontrast zwischen Materialien ist,
können Sie übrigens einfach selbst feststellen.
Machen Sie ein Schwarz-Weiß-Foto: Lassen
sich die Flächen immer noch leicht unterscheiden, sind die Farben gut gewählt.

Tipp

Auch das macht Wohnen komfortabler:

Zwei-Sinne-Prinzip. Wichtige Informationen sollten stets für mindestens zwei Sinne zugänglich sein. Wer etwa eine Türklingel mit optischem Signal einbauen lässt, nimmt sie auch bei lauter Musik oder einer Höreinschränkung wahr.

Pflegeaufwand reduzieren. An lackierten Schränken sieht man jeden Fingerabdruck, auf Terrakottafliesen viele Flecken. Fragen Sie bei der Auswahl von Bodenbelägen, Wandverkleidungen und Einrichtungsgegenständen nach dem Pflegeauf-

wand. Wählen Sie möglichst pflegearme und ökologisch verträgliche Materialien aus.

Rutschhemmende Bodenbeläge. Wer darauf achtet, verhindert, dass es bei Nässe glatt wird – ob im Bad, in der Küche oder im Außenbereich.

Automatisierung. Elektrische Rollläden, automatische Fensteröffner und eine kontrollierte Wohnungslüftung machen das Leben leichter. Lassen Sie bei einem Umbau vorsorglich Stromanschlüsse legen. Dann können Sie bei Bedarf ohne viel Aufwand umrüsten.

Das sagt die DIN 18040-2 zum Barrierefreien Bauen

Bequemer wohnen bedeutet, Barrieren zu reduzieren. Ein bestehendes Haus vollständig barrierefrei umzugestalten, setzt häufig einen Komplettumbau voraus. Das ist aufwändig, sehr teuer und in der Regel nicht notwendig. Oft reichen schon kleinere Umbauten aus, um das Leben zu Hause komfortabler zu machen und langfristig ein selbstständiges Leben zu ermöglichen.

Ein neues Haus barrierefrei zu bauen, ist deutlich einfacher, weil von vornherein großzügige Bewegungsflächen und ebene Zugänge geplant werden können. In Deutschland regelt die **DIN 18040**, unter welchen Voraussetzungen ein Gebäude barrierefrei ist. Teil 1 dieser Norm bezieht sich auf öffentlich zugängliche Gebäude, Teil 2 auf Wohnungen.

Die DIN 18040-2 unterscheidet zwei Standards. Der Basisstandard „barrierefrei nutzbar" definiert Mindestabmessungen für Türdurchgänge, Bewegungs- und Rangierflächen, die für die Benutzung mit Gehhilfen notwendig sind. Der erweiterte Standard „barrierefrei und uneingeschränkt mit dem Rollstuhl nutzbar" (R-Standard) bezieht sich auf rollstuhlgerechte Wohnungen und Häuser. Darin sind größere Maße und zusätzliche Anforderungen an die Ausstattung definiert. In den meisten Abschnitten gibt die Norm ein Ziel vor, zum Beispiel: „Das Öffnen und Schließen von Türen muss auch mit geringem Kraftaufwand möglich sein." Danach wird erklärt, wie das Ziel erreicht werden kann. Das hilft wiederum, im Kaufgespräch mit dem Händler genau zu sagen, was Sache ist: „Geringer Kraftaufwand" heißt laut

DIN 18040-2, dass zum Öffnen des Türblatts eine maximale Kraft von 25 Newton erforderlich sein darf.

Die DIN 18040-2 gilt ausschließlich für Neubauten, womit der Tatsache Rechnung getragen wird, dass die Umsetzung bei bestehenden Gebäuden aufgrund baulicher Gegebenheiten nur eingeschränkt möglich oder mit unverhältnismäßig hohem Aufwand verbunden wäre. Als privater Bauherr müssen Sie die

Achtung

Seien Sie vorsichtig damit, bei einem Auftrag für einen Umbau pauschal „barrierefrei nach DIN 18040-2" vorzuschreiben. In diesem Fall muss der Handwerker die Norm unverändert anwenden – auch wenn bei Ihrem Haus eine angepasste Lösung besser wäre. Suchen Sie sich möglichst einen Handwerker, der Erfahrungen mit dem Barriereabbau hat (siehe Seite 155 f.) und besprechen Sie mit ihm, welche Anpassungen in Ihrem Haus möglich sind.

Norm also weder im Detail kennen noch bei einem Umbau berücksichtigen. Trotzdem ist es sinnvoll, sich grob an ihr zu orientieren.

Gut zu wissen

Die **KfW-Bank** fördert den **altersgerechten Umbau** von Häusern mit zinsgünstigen Darlehen (siehe Seite 157 ff.). Sie hat „Technische Mindestanforderungen" formuliert, die eingehalten werden müssen, um förderberechtigt zu sein. Diese orientieren sich an der DIN 18040-2, wurden aber für **Bestandsimmobilien** angepasst. Wenn Sie in Ihrem Haus Barrieren reduzieren möchten, lohnt es sich, die Technischen Mindestanforderungen heranzuziehen. Ferner können Sie so erkennen, wie stark die Gegebenheiten in Ihrem Haus von den Mindestanforderungen an ein barrierefreies Wohnumfeld abweichen – wo also Handlungsbedarf besteht. Das übersichtliche Merkblatt der KfW gibt es unter www.kfw.de, Stichwort „Bestandsimmobilie", dann weiterklicken „Zu den Förderprodukten", „Altersgerecht umbauen", „Anlage zum Merkblatt Altersgerecht umbauen, Technische Mindestanforderungen".

Barriereabbau – Was hat das mit mir zu tun?

Beispiel

Herr und Frau Becker leben in einem Bungalow aus den 1980er Jahren. Das Haus hat einen Garten und liegt direkt am Feldrand – ideal für die zwei großen Hunde. Allerdings gibt es immer wieder Probleme mit dem Keller: Aus den Feldern dringt Feuchtigkeit ein. Herr Becker will den Keller endlich trockenlegen lassen. Dafür muss das Haus aufgegraben und der Keller abgedichtet werden. Das ist teuer. Ihm wird empfohlen, bei dieser Gelegenheit den Übergang zur Terrasse barrierefrei umzugestalten. Grundsätzlich findet Herr Becker die Idee gut. Aber das Budget ist knapp. Er und seine Frau sind Mitte 50 und – auch dank der täglichen Spaziergänge mit den Hunden – körperlich fit. Die Schwelle an der Terrassentür stört sie nicht. Es gibt also keinen Grund für bauliche Veränderungen. Und wer weiß schon, ob er oder seine Frau jemals Probleme mit dem Gehen bekommen. Falls sie weiterhin gut auf den Beinen sind, wäre das Geld umsonst investiert. Außerdem haben sie im Moment nicht viel Zeit, sich mit weiteren Umbauten zu beschäftigen. Herr und Frau Becker sind deshalb unsicher, ob sie die Umgestaltung der Terrasse in Angriff nehmen sollen.

Mit ihren Überlegungen stehen Herr und Frau Becker nicht alleine da. In einem Modellprojekt des Bundesinstituts für Bau-, Stadt- und Raumforschung wurden Hauseigentümer befragt, wann sie sich einen altersgerechten Umbau ihrer Immobilie ganz oder teilweise vorstellen könnten. Nur 4 Prozent sagten, dass ein solcher Umbau kurzfristig in Frage käme, weitere 5 Prozent erklärten, ihn mittelfristig innerhalb von zwei bis fünf Jahren in Angriff nehmen zu wollen. 11 Prozent könnten sich den Barriereabbau langfristig vorstellen. Die große Mehrheit (39 Prozent) sagte, ein Umbau käme für sie erst bei akutem Bedarf in Frage. Die restlichen Eigentümer antworteten nicht.

Diese Haltung ist nachvollziehbar. Warum sollte man investieren, wenn keine körperlichen Einschränkungen bestehen und es keine Notwendigkeit gibt, Schwellen abzubauen oder Türen zu verbreitern? Schließlich weiß niemand, ob er jemals auf eine Gehhilfe angewiesen ist. Und viele Eigentümer können nicht einmal sagen, ob sie in ihrem Haus wohnen bleiben werden. Barriereabbau – so denken sie – hat nichts mit ihrem Leben zu tun. Tatsächlich ist es unnötig, einen Lift einzubauen oder das Bad mit Haltegriffen auszustatten, solange alle Bewohner gut auf den Beinen sind. Trotzdem lohnt es sich, bei anfallenden Modernisierungen unnötige Barrieren zu beseitigen und eine spätere Anpassung vorzubereiten. Denn das bedeutet mehr Bewegungsfreiheit in den eigenen vier Wänden. Und im Fall der Fälle kann auf diese Vorarbeiten zurückgegriffen werden.

Rechtzeitig für die Zukunft zu planen, hat viele Vorteile:

■ Machen Sie sich das Leben leichter. Jede Barriere ist ein unnötiges Hindernis. Jede entfernte Schwelle schafft mehr Bewegungsfläche, erhöht den Wohnkomfort. Viel Platz in der Dusche zu haben, ist angenehm. Mit dem Staubsauger nicht an jeder Türschwelle hängen zu bleiben, vereinfacht die Arbeit.

- Sie können ohne Zeitdruck gründlicher planen und Angebote verschiedener Hersteller besser vergleichen. Außerdem haben Sie so die Chance, Förderprogramme in Anspruch zu nehmen. In der Regel muss eine Förderung erst genehmigt werden, bevor Sie mit dem Umbau beginnen dürfen. Das braucht Zeit (siehe Seite 157 ff,).
- Der Aufwand sinkt. Sie müssen nur einmal Angebote von Handwerkern einholen, nur einmal die Wohnbereiche freiräumen, und Sie wohnen nur einmal auf einer Baustelle.
- Barrieren zu reduzieren kostet Geld. Kombinieren Sie diese Arbeiten mit regulären Modernisierungen, reduzieren Sie die Kosten (siehe Seite 33 ff.).
- Sie erhalten Ihre Selbstständigkeit. Wer nach Krankheit oder Unfall auf eine Gehhilfe angewiesen ist, muss sein Haus vermutlich innerhalb kurzer Zeit umbauen, um ohne fremde Hilfe klarzukommen. Oft kann die Anpassung aber nicht schnell genug erfolgen. Oder sie ist mit sehr hohen Kosten verbunden. Das ist ein häufiger Grund, warum Menschen zu Hause auszuziehen (müssen). Haben Sie hingegen rechtzeitig daran gedacht, Stufen und Schwellen zu beseitigen und Bewegungsflächen zu schaffen, erhöhen Sie die Wahrscheinlichkeit, auch weiterhin zu Hause alleine zurechtzukommen.
- Wenn Sie für die Zukunft Barrieren abbauen, bekommen Sie schon jetzt zusätzlichen Wohnkomfort.
- Sollten Sie Ihr Haus doch einmal verkaufen wollen, habe Sie durch die Umbauten den Mehrwert erhöht.

Interview

Ulrike Rau arbeitet als freie Architektin in Berlin. Schwerpunkte ihrer Arbeit sind die barrierefreie Umplanung von Wohngebäuden und die Anpassung von öffentlichen Altbauten. Sie hat ein Fachbuch zum Thema geschrieben und engagiert sich bei der Berliner Architektenkammer für die Themen Universal Design – Barrierefreiheit – Demografie.

Frau Rau, was verstehen Sie unter Anpassbarkeit einer Immobilie?

Nicht der nachträgliche Umbau, sondern die Anpassungsfähigkeit an sich verändernde Bedürfnisse werden zur Aufgabenstellung. Es lohnt sich zum Beispiel zu fragen: Wie funktioniert das mit der Badewanne und der Dusche im Bad. Wenn man nur eines einbauen kann und gerne die Badewanne hätte, sollte man überlegen, wie nachträglich die Dusche eingebaut werden könnte, ohne dass man den Estrich, die Abdichtung und die Fliesen noch mal erneuern muss.

Was ist der Unterschied zum barrierefreien Umbau?

Kommt jemand nach einer Verletzung oder schweren Erkrankung aus einer Reha, dann baut er zu Hause barrierefrei um, weil er es so braucht. Wenn noch kein Bedarf vorhanden ist, macht es keinen Sinn, das Bad komplett barrierefrei auszustatten. Ansatzpunkt ist: Jetzt wird das Bad modernisiert, und um nicht nochmals umbauen zu müssen, werden die Grundlagen für eine Anpassung gelegt. Zu einem späteren Zeitpunkt erforderliche Stütz- und Haltegriffe werden dann nach Bedarf montiert.

Warum lohnt es sich, bei anfallenden Modernisierungen über die Anpassbarkeit nachzudenken?

Die Kosten sind deutlich geringer, als wenn man zum Beispiel das Bad bei Bedarf nochmals umbauen muss.

Wie zukunftstauglich ist das eigene Haus?

Theoretisch kann jedes Haus so geplant werden, dass es sich ohne großen baulichen Aufwand an sich verändernde Bedürfnisse der Bewohner anpassen lässt. Solche Häuser zeichnen sich durch eine Grundriss- und Raumgestaltung aus, die viele verschiedene Nutzungen ermöglicht. Sie bieten ausreichend Bewegungsflächen, auf Stufen und Schwellen wird verzichtet. Die Praxis sieht aber anders aus. Die meisten Ein- und Zweifamilienhäuser sind für Familien mit Kindern oder junge mobile Menschen konzipiert. Das macht diese Häuser nicht schlecht. Auch bei ihnen lassen sich Räume umnutzen und neue Wohnideen entwickeln. Die Anpassung ist aber vielfach schwieriger. Manchmal müssen unkonventionelle Lösungen her. Und das kann teuer werden. Bevor Sie viel Geld in die Hand nehmen, lohnt es sich deshalb, zu überdenken, wo und wie Sie in Zukunft leben möchten und welche Potenziale in Ihrem Haus stecken. Können und wollen Sie in diesem Haus alt werden?

Die persönliche Situation

Bevor man das Haus unter die Lupe nimmt, lohnt ein Blick auf die eigene Situation. Wer wird in Zukunft in dem Haus wohnen? Sind die Kinder noch zu Hause? Wann werden sie

Interview

Christine Degenhart ist Architektin in Rosenheim. Sie arbeitet als freie Mitarbeiterin für die Beratungsstelle „Barrierefreies Bauen" der Bayerischen Architektenkammer und berät sowohl Architekten als auch Bauherren zu Fragen rund um den Barriereabbau.

Frau Degenhart, welche Fragen sind besonders wichtig, wenn man überlegt, ob man in sein Haus investiert?

Die Größe ist ein wichtiger Aspekt. Einmal, wegen des notwendigen Investitionsvolumens bei einer Modernisierung. Zum anderen, weil das Haus zu einer großen Belastung werden kann.

Wie meinen Sie das?

Häufig wird den Bewohnern irgendwann die Arbeit zu viel. Gleichzeitig ist es beispielsweise aber unangenehm, wenn der Nachbar sieht, dass der Garten verwildert. Natürlich könnten sie einfach drei Zimmer stilllegen, aber das machen sie nicht. Das hat viel mit Gewohnheit und Pflichtgefühl zu tun.

Was raten Sie in solchen Fällen?

Wenn man das Gefühl hat, dass man mit dem Erdgeschoss auskommen würde, dann sollte man sich die Frage stellen, ob man nicht besser nach unten zieht. Vielleicht gibt es ein Arbeitszimmer, das man als Schlafzimmer nutzen kann. So spart man sich die Treppe und ärgert sich nicht über ein zu reinigendes Obergeschoss. Dann stellt sich natürlich auch die Frage: Was passiert mit dem ersten Stock? Eine Möglichkeit ist, „Wohnraum für Hilfe" anzubieten, beispielsweise für Studenten. Das ist aber noch selten. Oder man überlegt, ob man das obere Geschoss abtrennen und vermieten kann. Wir erleben es aber auch häufig, dass sich Leute für einen Auszug entscheiden und sehr glücklich sind mit ihrer Eigentumswohnung.

ausziehen oder sind sie schon weg? Was soll aus den Kinderzimmern werden? Vielleicht möchten Sie die Zimmer erstmal unverändert lassen, um den Kindern das Gefühl zu geben, dass das Haus nach wie vor auch ihr Zuhause ist. Vielleicht kommen Ihnen die Zimmer aber auch wie ein Museum vor und Sie möchten sie für andere Zwecke nutzen. Wünschen Sie sich schon lange ein eigenes Sport- und Yogazimmer? Oder möchten Sie ein Multimedia-Zimmer mit Heimkino? Es spricht nichts dagegen, die Kinderzimmer aufzulösen und entsprechend umzugestalten.

Wie viel Raum möchten Sie zum Wohnen haben? Müssen Sie möglicherweise zu Hause für einen hilfsbedürftigen Elternteil sorgen? Leben Sie mit einem Partner zusammen oder alleine? Davon hängt maßgeblich der Platzbedarf ab. Natürlich können Sie ein 200 m² großes Haus alleine oder zu zweit bewohnen. Vielen Menschen ist das aber zu groß.

Plant eines der Kinder, wieder mit in das Haus zu ziehen oder es sogar irgendwann zu über-

nehmen? Es ist sinnvoll, solche Fragen zu klären, damit nicht unausgesprochene Erwartungen im Raum stehen. Denn möglicherweise halten Sie das Haus nur, weil Sie meinen, es an die Kinder vererben zu müssen, die haben aber gar kein Interesse.

Vielleicht stellen Sie fest, dass Sie nur noch zum Schlafen ins Obergeschoss gehen. Könnten Sie sich vorstellen, ins Erdgeschoss zu ziehen? Vielleicht ließe es sich durch einen Anbau erweitern, wenn ein Zimmer fehlt. Gibt es ein abgetrenntes Treppenhaus, kann das Obergeschoss vermietet werden.

Beispiel

Familie Zeidler bewohnt ein Einfamilienhaus aus den 1950er Jahren. Im Erdgeschoss liegen Küche, Wohn- und Esszimmer, im ersten Stock das Elternschlafzimmer und die zwei Kinderzimmer. Die Söhne wohnen längst in anderen Städten, ihre Zimmer wurden aber bisher nicht richtig umgeräumt. Jetzt dienen sie als Abstellkammer, Bügel- und Gästezimmer zugleich. Herr und Frau Zeidler wollen in ihrem Haus wohnen bleiben, weil sie den Garten lieben und sich in der Nachbarschaft wohlfühlen. Außerdem glauben sie, dass ein Haus eine gute Wertanlage ist. Seit die Kinder auf eigenen Beinen stehen, konnten Herr und Frau Zeidler Geld zurücklegen. Sie überlegen, das Haus grundlegend zu modernisieren, die obere Wohnung abzutrennen und anschließend zu vermieten. Dann hätten sie nicht mehr so viel Arbeit – und die Miete wäre ein angenehmes Zusatzeinkommen.

Beispiel

Frau Molina wohnt seit 40 Jahren in dem Einfamilienhaus. Es besteht aus Erdgeschoss und erstem Stock. Einen Keller gibt es nicht. Vor zehn Jahren zog ihr Sohn aus, drei Jahre später ihre Tochter. Vor zwei Jahren verstarb ihr Mann, seitdem lebt Frau Molina alleine. Sie hat engen Kontakt zu ihren Kindern und wird regelmäßig von ihnen besucht. Das Haus ist ihr viel zu groß. Die freien Kinderzimmer nutzt sie kaum, umziehen möchte sie aber auch nicht. Schließlich stecken in jeder Ecke liebe Erinnerungen an vergangene Zeiten. Frau Molina denkt darüber nach, sich zu verkleinern und ins Erdgeschoss zu ziehen.

Andernfalls lässt sich eine Einliegerwohnung einrichten. Vielleicht kommen die Kinder regelmäßig für längere Zeit zu Besuch und können sich dorthin zurückziehen. Oder Sie haben einen Neffen, der in der Nähe studiert und sich über eine Bleibe freut. Benötigt ein Familienmitglied regelmäßige Pflege, könnte eine Pflegekraft in die Einliegerwohnung einziehen. Unterschiedliche Lösungen sind denkbar.

Wie ist die gesundheitliche Situation? Hat einer der Bewohner körperliche Beschwerden? Fühlt er sich dadurch bereits eingeschränkt? Oder ist davon auszugehen, dass auf Dauer zum Beispiel das Treppensteigen mühsam wird? Dann sollten Sie abwägen, ob das Bad im Erdgeschoss vergrößert und auf lange Sicht ein Schlafzimmer nach unten verlegt werden kann.

Umbauen kostet Geld. Wer viel Geld hat, kann fast alle Wünsche realisieren. Mit weniger Geld müssen Kompromisse geschlossen werden. Haben Sie Rücklagen gebildet, auf die Sie zurückgreifen können? Bekommen Sie Geld aus einer Lebensversicherung? Oder müssten Sie für die Modernisierung einen Kredit zum Beispiel bei der Hausbank aufnehmen? Das kann schwierig werden, weil nicht jeder Ältere problemlos einen Kredit bekommt. Vielleicht können Sie aber auch ein Förderprogramm nutzen (siehe Seite 157 ff.). Bevor Sie planen, ist es wichtig, ehrlich zu

Gut zu wissen

Typische körperliche Einschränkungen im Alter

Mit fortschreitendem Alter kommt es zu körperlichen Veränderungen. Wer sie kennt, kann sie bei Umbauten berücksichtigen.

Altersweitsichtigkeit. Sie beginnt oft schon im mittleren Alter. Man kann dann noch gut in der Ferne sehen, aber nicht mehr im Nahbereich. Zeitungsartikel oder Verpackungshinweise lassen sich nur mit Hilfe einer Lesebrille entziffern. Um zu Hause nicht bei jeder Tätigkeit die Brille aufsetzen zu müssen, lohnt es sich, zum Beispiel bei neu anzuschaffenden Haushaltsgeräten auf ein gut lesbares Display zu achten. Und Besucher freuen sich, wenn sie den Namen auf der Klingel auch ohne Brille erkennen.

Verringerung des Gesichtsfelds. Sie zählt auch zur visuellen Einschränkung. Das Gesichtsfeld ist der Bereich, in dem man Gegenstände und Bewegungen wahrnimmt, ohne Augen, Kopf oder Körper bewegen zu müssen. In der Jugend umfasst das Gesichtsfeld rund 175 Grad, im Alter sind es nur noch rund 140 Grad. Das kann dazu führen, dass man Hindernisse leichter übersieht.

Farb- und Tiefenwahrnehmung. Auch sie lässt nach und führt dazu, dass man Entfernungen schlechter einschätzen kann.

Lichtwahrnehmung. Das Auge kann sich immer schlechter an wechselnde Lichtstärken anpassen. Es dauert länger, sich von einem hellen auf einen dunklen Raum einzustellen. Man braucht insgesamt mehr Licht, weil das Auge unempfindlicher gegenüber Lichtreizen wird.

Altersschwerhörigkeit. Sie tritt meist erst ab dem 60. Lebensjahr auf. Dann lassen sich oft hohe Frequenzen nicht mehr gut hören. Signal- und Klingeltöne werden nicht erkannt. Deshalb ist es sinnvoll, eine Klingel mit verschiedenen Tönen und zusätzlich optischem Signal zu wählen.

Nachlassen von Kraft, Koordination und Gleichgewicht. Die Gehgeschwindigkeit sowie die Länge und Höhe der Schritte nehmen ab. Das verschärft das Risiko, zu stürzen. Dem lässt sich zwar mit regelmäßiger Bewegung entgegenwirken. Doch es ist sinnvoll, vorsorglich Stolperfallen im Haus zu beseitigen und im Bad oder auf der Außentreppe auf rutscharme Bodenbeläge zu achten.

klären, wie hoch das zur Verfügung stehende Budget ist.

Was bietet mein Haus? – Bewertung der Immobilie

Wie gut leben Sie in Ihrem Haus? Was mögen Sie gerne? Bestimmt gibt es in Ihrem Haus Wohnbereiche, in denen Sie sich besonders wohl fühlen. Lieben Sie den Blick aus dem Wohnzimmerfenster in den Garten? Oder sitzen Sie gerne auf der Terrasse? Sind Sie froh, ein eigenes Büro zu haben, oder mögen Sie vor allem Ihre Wohnküche mit den alten Deckenbalken? Wenn Sie über diese Fragen nachdenken, werden Sie schnell merken, worauf Sie nicht verzichten möchten. Dieses Wissen hilft bei der Planung von Umbauten. Zum einen können Sie Ihre Lieblingsplätze noch weiter verschönern. Zum anderen können Sie dafür sorgen, dass Sie diese Wohnbereiche tatsächlich lange bequem und selbstständig nutzen können. Ist Ihnen zum Beispiel die Terrasse sehr wichtig, sollten Sie im Rahmen einer Modernisierung den Zugang schwellenfrei gestalten. Wenn Sie rechtzeitig an solche Hindernisse denken und sie nach und nach beseitigen, tun Sie einiges dafür, Ihr Haus zukunftssicher zu machen (siehe Seite 30 ff.).

Wie viel Arbeit fällt in Haus und Garten an? Machen Sie diese Arbeit gerne? Oder ärgern Sie sich über die vielen Stunden, die Sie mit Putzen, Rasenmähen und Heckeschneiden verbringen? Dann könnten einzelne Arbeiten von Dienstleistern – einem Gärtner, einer Reinigungshilfe – übernommen werden. Vielleicht hilft es schon, wenn ein Gärtner zunächst einmal im Jahr besonders anstrengende Aufgaben wie Hecke schneiden und Bäume stutzen übernimmt. Oder lässt sich der Garten so

Eine gut überlegte Umgestaltung erleichtert die Gartenpflege – ein Garten mit Hanglage ist jedoch problematisch.

umgestalten, dass er weniger Arbeit macht (siehe Seite 61 f.)? Was passiert, wenn Sie sich vorübergehend oder für längere Zeit nicht um den Haushalt oder den Garten kümmern können? Haben Sie jemanden, der Ihnen dann zur Hand gehen kann? Auch die Hausarbeit lässt sich durch Umorganisation erleichtern. Statt die Wäsche immer mühsam in den Keller zu schleppen, könnten Sie die Waschmaschine im Bad oder in der Küche aufstellen und im früheren Kinderzimmer einen Hauswirtschaftsraum einrichten.

Was ist Ihnen beim Wohnen wichtig? Was würden Sie künftig gerne haben, wenn Sie schon am Renovieren sind? Träumen Sie von einem Wellness-Bad mit Regenwalddusche? Möglicherweise lässt sich das Badezimmer vergrößern, indem es mit dem Nachbarraum zusammengelegt wird. Und wenn Sie so gerne in den Garten blicken, könnten Sie im Schlafzimmer bodentiefe Fenster einbauen lassen, damit Sie auch vom Bett aus freie Sicht ins Grüne haben.

Das macht Wohnen schöner und ist ein weiterer Schritt dahin, lange frei und uneingeschränkt zu Hause wohnen zu können.

> **Beispiel**
>
> Familie Fenn kaufte das Einfamilienhaus Anfang der 1990er Jahre. Die zwei Kinder sollten endlich eigene Zimmer bekommen. Der Wohnbereich liegt im Erdgeschoss, den Dachboden haben die Fenns nie ausgebaut. Er dient neben dem Keller als Stauraum. Inzwischen ist der Große aus dem Haus, der jüngere Bruder hat die Schule abgeschlossen und zieht in wenigen Wochen zum Studium weg. Herr und Frau Fenn fühlen sich wohl in ihrem Haus. Sie haben lange nichts mehr modernisiert und wollen es sich jetzt nach und nach schön machen.

Vielleicht stellen Sie aber auch fest, dass sich Ihre Wohnwünsche im Laufe der Jahre so verändert haben, dass das Haus Ihnen nur noch bedingt entspricht. Dann sollten Sie prüfen, ob es sich lohnt, noch Energie in einen Umbau zu stecken und viel Geld zu investieren.

Zur Bewertung der Immobilie gehört auch ein Blick auf den allgemeinen und energetischen Modernisierungsbedarf. Manche Eigentümer nehmen regelmäßig Geld in die Hand und erneuern Fassade, Dach oder Leitungen. Bei vielen anderen bleiben solche Arbeiten liegen, weil sie neben Familie und Beruf keine Kapazitäten für größere Umbauten haben. Wenn Sie planen, in Ihr Haus zu investieren, ist es wichtig zu wissen, wie hoch der **Modernisierungsbedarf** ist. Machen Sie eine **Bestandsaufnahme**, indem Sie die verschiedenen Bauteile nacheinander durchgehen. Aus welchem Jahr stammen Fenster, Außen- und Kellerwände, Elektro- und Sanitärinstallationen, Außentüren

und Heizungsanlage? Wann wurden sie das letzte Mal modernisiert? Wie ist ihr aktueller Zustand und wann steht die nächste Modernisierung an? Bei einem solchen systematischen Vorgehen werden Sie möglicherweise feststellen, dass viele Bauteile schon deutlich älter sind als ursprünglich gedacht. Vielleicht steht die vermeintlich erst kürzlich ausgetauschte Heizung schon seit 20 Jahren im Keller.

Die typische Lebensdauer wichtiger Bauteile

Bauteil	Jahre
Heizung	
Heizbrenner	10–20
Heizkessel Stahl	20–30
Heizkörper Stahl	25–40
Heizleitungen Kupfer	30–40
Sanitär	
Wasserleitungen Kunststoff	25–30
Wasserleitungen Kupfer	30–40
Sanitärgegenstände	25–40
Elektronik	
Elektroleitungen	30–50
Elektroschalter/-dosen	20–40
Elektrodurchlauferhitzer	10–20
Fassade	
Außenwandputz	30–40
Außenanstrich	10–15
Dach	
Tonziegel	40–60
Zinkblech	30–40
Foliendächer mit Kies	25–35
Kellerabdichtung	
einfacher Bitumenanstrich	25–40
aufwändige Abdichtung, Kiesverfüllung, Drainage	40–60

(Quelle: „Kauf eines gebrauchten Hauses",
www.vz-ratgeber.de)

Wenn Sie unsicher sind, ob die Sanierung eines Bauteils lohnt oder es besser ausgetauscht wird, können Sie einen Architekten, Bauingenieur oder Handwerker fragen. Auch wenn die Bauteile noch funktionstüchtig sind, kann sich eine Modernisierung aus energetischen Gründen lohnen. In einem ungedämmten Haus entweichen rund zwei Drittel der erzeugten Wärme über Keller, Außenwände, Fenster und Dach. Der Energieverbrauch lässt sich deutlich verringern, indem das Haus gedämmt, die Fenster ausgetauscht und eine neue Heizung eingebaut wird. Energieberater helfen Ihnen dabei, den energetischen Zustand Ihrer Immobilie einzuschätzen und die Modernisierung zu planen (siehe Seite 152). So ist es zum Beispiel weit sinnvoller, erst die Fassade eines Hauses zu dämmen und danach eine neue Heizung einzubauen. Weil durch die Dämmung weniger Energie nach draußen entweicht, kann die neue Heizung deutlich kleiner dimensioniert werden.

Sobald Sie einen Überblick haben, welche Modernisierungen in den nächsten Jahren anstehen, können Sie eine Prioritätenliste erstellen.

Checkliste

Checklisten helfen dabei, einzuschätzen, wie zukunftssicher das eigene Haus ist.

	J	N
Ist der Eingangsbereich gut ausgeleuchtet?	J	N
Lässt sich das Haus ohne Stufen oder Schwellen betreten?	J	N
Liegen Gitterrost oder Fußmatte bündig in einer Ebene mit dem Bodenbelag?	J	N
Gibt es an der Treppe einen, besser noch einen zweiten Handlauf?	J	N
Kann die Haustür leichthändig geöffnet und geschlossen werden?	J	N
Gibt es vor und hinter der Eingangstür ausreichend Bewegungsflächen?	J	N
Sind Briefkasten und Klingel gut erreichbar?	J	N
Ist die Hausnummer beleuchtet?	J	N
Müssen im Haus Schwellen und Stufen überwunden werden?	J	N
Sind die Türen im Haus ausreichend breit, auch die Balkon- und Badtür?	J	N
Gibt es im Flur ausreichend Bewegungsfläche?	J	N
Ist das Treppenhaus breit genug?	J	N
Sind Terrasse und Balkon schwellenfrei zugänglich?	J	N
Ist in der Küche ausreichend Bewegungsfläche?	J	N
Gibt es in der Küche einen Sitzplatz?	J	N
Haben die Arbeitsflächen dort die richtige Höhe?	J	N

Einige Modernisierungsarbeiten lassen sich besonders gut mit einer energetischen Sanierung kombinieren, zum Beispiel die Ausbesserung der Fassade mit einer Fassadendämmung. Oder Sie geben bei der Modernisierung des Bades auch den Auftrag, die Rohrleitungen einer zentralen Warmwasserversorgung mitzuverlegen. Dann müssen Sie die Fliesen nicht noch einmal aufnehmen, wenn Sie die Warmwasserversorgung umstellen.

Erfüllt das Haus Ihre Wohnwünsche und ist der Modernisierungsbedarf überschaubar? Dann bleibt die Frage, welche Potenziale ihr Haus hat, um dort lange, selbstständig wohnen zu können.

Von besonderer Bedeutung sind: der Hauseingang, die Bäder, das Treppenhaus. Ist die Haustür nur über eine Treppe erreichbar, kommen Sie bei einer Gehbehinderung gar nicht oder nur sehr beschwerlich ins Haus. In engen Bädern können Sie sich bei motorischen Einschränkungen kaum bewegen. Liegen Bad und Schlafzimmer im Obergeschoss, müssen Sie die Treppe bewältigen. In vielen Fällen lassen

Sind die Arbeitsbereiche gut ausgeleuchtet?	J	N
Gibt es im Bad genug Bewegungsfläche?	J	N
Lässt sich im Bad eine bodengleiche Dusche einbauen?	J	N
Geht die Badezimmertür nach außen auf?	J	N
Ist der Fußboden auch bei Feuchtigkeit rutschhemmend?	J	N
Sind die Wände in der Dusche, am WC und am Waschbecken stabil genug, um Haltegriffe nachzurüsten?	J	N
Lässt sich das Waschbecken im Sitzen nutzen?	J	N
Ist die Toilette in einer für alle Bewohner komfortablen Höhe angebracht?	J	N
Lassen sich alle Armaturen problemlos bedienen?	J	N
Erreichen Sie bequem alle Fenstergriffe?	J	N
Hören Sie die Klingel im ganzen Haus?	J	N
Kommen Sie gut an alle Lichtschalter und Steckdosen heran?	J	N
Können Sie ohne Schwierigkeiten in den Keller gehen?	J	N

Das Niedersachsenbüro Neues Wohnen im Alter hat eine ausführliche Checkliste für die Wohnungsbegehung zusammengestellt. Sie kann kostenlos unter www.neues-wohnen-nds.de, Stichwort „Wohnberatung" – „Infomaterial & Arbeitshilfen" – „Wohnungsanpassung" – „ChecklisteWAP" heruntergeladen werden.

sich solche Probleme lösen. An den Hauseingang wird bei Bedarf eine Rampe gebaut, das
Bad wird umorganisiert oder mit einem anderen Zimmer zusammengelegt, in das Treppenhaus wird ein Treppenlifter eingebaut. Doch
manchmal fehlt der Platz für eine Rampe, das
Bad kann nicht ohne weiteres vergrößert werden oder das Treppenhaus ist zu schmal für
einen Lifter. In solchen Fällen wären größere
Umbauten notwendig, die mit hohen Kosten
verbunden sind.

Gut zu wissen

Größere Umbauten verursachen Lärm und
Schmutz. Oft sind zentrale Wohnbereiche für längere Zeit nicht oder nur sehr eingeschränkt nutzbar. Das kann Nerven kosten! Es ist hilfreich,
wenn Sie einen Architekten oder einen Handwerker haben, der die Umbauten koordiniert
und als zentraler Ansprechpartner dient (siehe
Seite 153 ff.). Erkundigen Sie sich vorher, wie
lange der Umbau voraussichtlich dauert. Erstreckt
er sich über mehrere Tage oder sogar Wochen, ist
es sicherlich leichter, in dieser Zeit bei Freunden
oder Verwandten unterzuschlupfen. Bei sehr großen Umbauten führt daran oft kein Weg vorbei.

Wenn Sie vor dieser Situation stehen, sollten
Sie gut überlegen, ob Sie noch einmal viel
Geld in Ihr Haus investieren wollen. Oder ob
Sie Alternativen in den Blick nehmen und versuchen, in eine besser geeignete Immobilie
umzuziehen. Das Angebot an barrierefreien
Wohnungen und Häusern ist allerdings sehr
begrenzt. Laut dem Bundesbauministerium sind
nur 1 bis 2 Prozent des gesamten Wohnungs-
bestands barrierefrei oder barrierearm gebaut.
Auch bei einem Umzug müssen Sie deshalb
wahrscheinlich Kompromisse in Kauf nehmen.

Was wäre wenn…

Um einzuschätzen, wie krisenfest Ihr Haus ist,
hilft ein einfaches Gedankenspiel: Stellen Sie
sich vor, Sie haben einen komplizierten Bruch
im Bein und müssen für einige Zeit liegen.
Könnten Sie im Bett gepflegt werden oder ist
dort zu wenig Platz? Was würden Sie von Ihrem
Bett aus sehen? Nur die Wand oder ein bisschen Himmel, weil die Fenster hoch liegen?
Nach einigen Tagen im Bett dürften Sie aufstehen, aber das Bein für mehrere Wochen kaum
belasten. Kämen Sie zu Hause zurecht? Stellen
Sie einen Stuhl vor das Waschbecken und probieren Sie aus, ob Sie mit gestrecktem Bein
sitzen können. Ist der Badschrank im Weg?
Kommen Sie an die Waschutensilien und können Sie sich noch im Spiegel sehen? Versuchen Sie einmal, einen Hocker in Ihre Dusche
zu stellen. Sie werden sich wundern, wie eng
es plötzlich ist. Könnten Sie dort mit einem ge-
streckten Gipsbein duschen oder würden Sie
zwangsläufig das ganze Bad unter Wasser setzen? Liegen Schlafzimmer und Bad im ersten
Stock, müssten Sie die Treppe hinaufkommen.
Ginge das mit steifem Bein und zwei Krücken?
Oder müssten Sie sich für einige Wochen im
Erdgeschoss einrichten? Gibt es dort ein zwei-
tes Bad mit Dusche? Oder könnten Sie sich in
dieser Zeit nur waschen? Schon mit diesem
kleinen Gedankenexperiment erkennen Sie
mögliche Schwachstellen in Ihrem Haus.

Noch besser geht das, wenn Sie Hilfsmittel
dazunehmen. Zum Beispiel können Sie zwei
Regenschirme oder Gehstöcke als „Krücken"
nutzen. Gehen Sie vom Auto zur Haustür. Blei-
ben Sie in den Gitterrasensteinen oder an von
Wurzeln verursachten Bodenwellen hängen?
Dann ist es sinnvoll, langfristig über einen
Austausch des Bodenbelags auf den Wegen

Beispiel

Herr und Frau Marini wohnen in einer zweige-
schossigen Stadtvilla aus den 1980er Jahren.
Ihre zwei Söhne sind ausgezogen. Frau Marini
hat Probleme mit ihrer Hüfte. Vor der Operation
konnte sie kaum noch laufen. Das geht jetzt besser, aber das Treppensteigen fällt ihr weiterhin
sehr schwer. Jeden Tag kämpft sie sich die Stufen hoch. Sie weiß nicht, wie lange das noch
geht und ob sie bald einen Rollator braucht. Ausziehen möchte sie nicht. Deshalb sucht sie mit
ihrem Mann nach Lösungen.

wärts gehen, um dem Türflügel aus dem Weg
zu gehen. Komfortabel ist das nicht. Häufig
weiß man gar nicht, wo es in der Wohnung
überall eng ist. Schieben Sie den Bürostuhl
durch die verschiedenen Zimmer? Überall, wo
Sie anecken und anstoßen, können Sie mehr
Platz gebrauchen. Probieren Sie aus, wie gut
Sie – den Stuhl vor sich herschiebend – im
Bad zurechtkommen. Können Sie Toilette und
Waschbecken benutzen, ohne bei dem Ver-
such an Schränken oder der Duschwand hängenzubleiben? Falls nicht, sollten Sie über eine
Umgestaltung des Badezimmers nachdenken.

nachzudenken. Können Sie mit zwei „Krücken"
in der Hand Ihre Haustür öffnen oder ist sie
zu schwer? Passen Sie mit den Krücken durch
alle Türen oder ist zum Beispiel die Badtür so
schmal, dass Sie seitlich gehen müssen?

Bei zunehmenden motorischen Einschränkungen sind viele Menschen auf einen Rollator
angewiesen. Um eine ungefähre Vorstellung zu
bekommen, wie Sie damit zu Hause zurechtkommen würden, können Sie einen Bürostuhl
mit Rollen vor sich herschieben. Lässt sich der
Bürostuhl über die Schwelle an der Eingangstür schieben oder müssen Sie ihn anheben?
Machen die anderen Türschwellen Probleme?
Können Sie bestimmte Wohnbereiche gar nicht
mehr erreichen, weil eine Stufe im Weg ist, über
die Sie normalerweise schnell hinweggehen?

Solche Schwellen sind ein Problem, zu wenig
Bewegungsflächen das andere. Das merken
Sie schnell, wenn Sie versuchen, mit dem
Bürostuhl in der Hand die Haustür zu öffnen.
Können Sie aus Platzmangel nicht seitlich
ausweichen, müssen Sie mit dem Stuhl in der
einen und der Tür in der anderen Hand rück-

Das Prozedere können Sie anschließend noch
einmal im Sitzen wiederholen und so einen
Rollstuhl simulieren. Ziehen sie sich mit den
Füßen vorwärts oder lassen Sie einen Angehörigen schieben. Zwar ist ein Bürostuhl
in der Regel schmaler als ein herkömmlicher
Rollstuhl. Sie werden aber merken, zu welchen
Hindernissen Schwellen und Stufen werden
und wie viel Platz sie zum Rangieren benötigen. Können Sie im Sitzen den Briefkasten
leeren oder Fenster öffnen? Kommen Sie an
Lichtschalter, Thermostatventile der Heizung
und an Steckdosen heran? Wenn Sie damit
Probleme haben, lohnt es sich, bei der nächsten Renovierung Steckdosen und Lichtschalter
versetzen zu lassen. Und falls Heizkörper oder
Fenster ausgetauscht werden, empfehlen sich
Modelle mit Ventilen oder Griffen in bequemen
Greifhöhen. Natürlich ist die Chance hoch,
dass Sie niemals einen Rollstuhl benötigen.
Und falls doch, wohnen Sie vielleicht aus
anderen Gründen nicht mehr in Ihrem Haus.
Deshalb ist es nicht notwendig, es von vornherein rollstuhlgerecht umzubauen. Trotzdem
lohnt der Selbstversuch. Denn er zeigt auf, wo
die Hürden liegen, und sensibilisiert für Verän-

derungen, die auch das Leben ohne Rollstuhl leichter machen. Liegen die Steckdosen nicht direkt in der Zimmerecke, ist das auch beim Staubsaugen angenehm.

Wie gut man zu Hause zurechtkommt, hängt nicht nur von der Immobilie, sondern auch von der **Infrastruktur** ab. Sie gerät häufig aus dem Blick, solange man gut zu Fuß und mit dem Auto unterwegs ist. Dann stört es nicht, wenn der nächste Supermarkt oder die Apotheke eineinhalb Kilometer entfernt liegen. Für die Strecke braucht ein Auto fünf Minuten, zu Fuß dau-

ert es viermal so lange. Wer auf eine Gehhilfe angewiesen ist und nicht mehr Auto fährt, kann solche Distanzen kaum noch bewältigen. Gibt es in der Nähe eine Bushaltestelle, und fahren die Busse regelmäßig? Oder wären Sie bei jedem Einkauf auf ein Taxi oder die Fahrdienste von Freunden und Verwandten angewiesen? Wollen Sie immer fragen müssen? Kommen Sie ohne Auto zu wichtigen Ärzten und Behörden? Haben Sie die Möglichkeit, mit Bus oder Bahn Theater und Kinos zu erreichen? Überlegen Sie am besten, welche Infrastruktureinrichtungen

Interview

Petra Bank arbeitet bei der Wohnberatung Dortmund und ist Mitglied der Landesarbeitsgemeinschaft Wohnberatung Nordrhein-Westfalen. Sie hat in den vergangenen 25 Jahren schon viele Hauseigentümer zu den Möglichkeiten und Grenzen von Anpassungsmaßnahmen beraten.

Frau Bank, lässt sich jedes Haus so umbauen, dass man auch bei körperlichen Beschwerden darin wohnen bleiben kann, oder gibt es K.-o.-Kriterien?

Problematisch wird es in hügeligen Gegenden. Liegt das Haus am Hang, werden Versorgung und Teilhabe schwierig, wenn man nicht mehr gut gehen oder nicht mehr Auto fahren kann. Mit einem Rollstuhl lassen sich steile Hügel ebenso schwer bewältigen wie steile Rampen.

Wann wird es noch schwierig?

Enge ist ein Problem, vor allem enge Durchgänge und fehlender Bewegungsraum. Manche Bäder sind so klein, dass man sich kaum darin bewegen kann. Erst durch einen Umbau oder das Versetzen von Wänden entsteht ausreichend Platz – für einen selbst oder für eine helfende Person. Allerdings scheitern manche gewünschte Umbauten an

den baulichen Möglichkeiten. Oder sie kommen aufgrund der hohen Kosten für die Eigentümer nicht in Frage.

Wo ist Enge noch ein Problem?

Viele Treppen sind steil und eng und deshalb für mobile Treppensteighilfen oder Treppenlifte ungeeignet. Manche Menschen versuchen aber, auf Biegen und Brechen solche Treppen zu nutzen. Ein Ehepaar hat einen Treppenlift einbauen lassen, an dem wäre zum Beispiel nie im Leben ein Krankentransport vorbeigekommen.

Wenn man die Treppe nicht mehr gut gehen kann, besteht noch die Möglichkeit, ins Erdgeschoss zu ziehen. Geht das in jedem Haus?

Oft gibt es im Erdgeschoss neben Wohnzimmer und Küche kein extra Zimmer zum Schlafen und nur ein enges Gäste-WC. Das Gäste-WC in ein Bad umzubauen, kann schon schwierig sein. Außerdem sollte man sich fragen: „Kann ich mir vorstellen, im Wohnzimmer zu schlafen? Ist das dann noch schön und will ich das?" Die Menge an Einschränkungen oder notwendigen Investitionen bewegt dann doch viele Menschen dazu, in geeignetere Wohnungen umzuziehen – wenn es denn welche gibt.

Sie regelmäßig nutzen und wie gut sie diese auch ohne Auto erreichen können.

Ähnlich wichtig wie die Infrastruktur ist das soziale Umfeld. Leben Ihre Kinder in der Nähe und können sie Ihnen im Haus oder bei Erledigungen helfen? Wie gut ist das Verhältnis zu den Nachbarn? Haben Sie regelmäßig Kontakt und würden diese bei einer Krise einspringen und zum Beispiel einkaufen gehen oder den Garten gießen? Leben Freunde in der Nähe? Wenn Sie eine gute Infrastruktur am Ort haben, Freunde und Bekannte in Ihrer Nähe wissen und sich in diesem Umfeld wohl fühlen, lohnt es sich weit mehr, in das Haus zu investieren.

Neue Lebensituation – häufig auftretende gesundheitliche Probleme im Alter

- Zu hoher oder niedriger Blutdruck kann zu Schwindel führen. Hoher Blutdruck geht auch mit Seheinschränkungen einher.
- Gelenkerkrankungen wie Rheuma oder Arthrose führen zu Bewegungseinschränkungen bis hin zu Versteifungen. Sind Knie oder Hüfte betroffen, benötigen die Betroffenen mit fortschreitender Krankheit Gehhilfen und können keine Treppen mehr steigen. Sind Finger- oder Handgelenke erkrankt, fällt das Greifen schwer.
- Osteoporose betrifft vor allem Frauen nach den Wechseljahren. Die Skeletterkrankung geht mit einer verminderten Knochenmasse und -festigkeit einher. Das führt zu Rundrücken und einer Abnahme der Körpergröße. Außerdem steigt das Risiko für Knochenbrüche.
- Nach einem Schlaganfall kann es zur Lähmung der rechten oder linken Körperseite kommen.
- Parkinson-Patienten leiden unter dem sogenannten Ruhezittern und unter Bewegungseinschränkungen. Ihnen fällt zum Beispiel das Aufstehen, Hinsetzen und Greifen schwer.
- Bei Demenzkranken verschlechtern sich die kognitiven Fähigkeiten. Sie haben Probleme mit der Orientierung, sind schnell überfordert und haben Schwierigkeiten, Gegenstände zu erkennen und Neues zu lernen. Die Fähigkeit, sich zu erinnern und logisch zu denken, nimmt ab. Menschen mit Demenz finden sich in einer übersichtlichen Wohnung mit klaren Orientierungspunkten besser zurecht. Die Deutsche Alzheimer Gesellschaft gibt im Internet Tipps zur Wohnungsanpassung: www.deutsche-alzheimer.de, Stichwort „Angehörige" – „Technische Hilfen". Die Schweizerische Alzheimervereinigung hat ein Faltblatt zum Thema herausgegeben. Es kann kostenlos im Internet heruntergeladen werden unter www.alz.ch – Stichwort „Infothek", dann weiterklicken auf „Infoblätter", „Alltagsgestaltung", „Die Wohnung anpassen".

Vor der Modernisierung: unzureichende Fassadendämmung, hohe Wärmeverluste durch großflächige Glas-bausteinelemente (links); Stufe als Barriere und Stolperfalle (rechts).

Clever planen – Geld sparen

Bei jeder Modernisierung lohnt es sich, den Barriereabbau mitzudenken. Im Zuge einer energetischen Sanierung bieten sich einige Umbauten besonders gut an. In den folgenden Kapiteln wird detailliert darauf eingegangen. Die sinnvollsten Kombinationen finden Sie schon hier in einer Kurzübersicht:

Fassadendämmung:

- Vordach über der Haustür: So stehen Sie beim Aufschließen nicht mehr im Regen.
- Zweiter Handlauf an der Außentreppe: Er bietet beim Hoch- und Runtergehen zusätzliche Sicherheit.
- Mehr Licht am Eingang: Eine gute Beleuchtung verhindert, dass man eine Treppenstufe oder eine Unebenheit am Boden übersieht und stolpert. Außerdem erkennt man schneller, wer vor der Tür steht.
- Beleuchtete Hausnummer: Eine gut sichtbar angebrachte, beleuchtete Hausnummer macht es Fremden leichter, ihr Haus zu

finden. Ein Rettungsarzt kann im Notfall schneller Hilfe leisten.

- Neuer Briefkasten: Er sollte im Stehen und Sitzen bequem erreichbar sein.
- Klingelanlage mit Videofunktion: Sie sehen schon von drinnen, wer vor der Haustür steht.
- Stufenloser, schwellenfreier Hauseingang: Alte Treppenanlagen lassen sich häufig nicht überdämmen. Achten Sie beim Abriss und Neubau auf eine ausreichend breite, gut begehbare Treppe mit einem rutschhemmenden Belag. Planen Sie eventuell eine Rampe ein. Oder überlegen Sie, ob der Vorgarten so umgestaltet werden kann, dass keine Stufen mehr notwendig sind. Lassen Sie den Eingang schwellenfrei gestalten.
- Schwellenfreier Balkon: Bei alten Balkonen muss man abwägen, ob eine grundlegende Modernisierung und Dämmung möglich und auf lange Sicht sinnvoll ist. Oder ob der Balkon besser abgerissen und ein neuer Balkon vor das Haus gestellt wird. Achten Sie

Nach der Modernisierung: neue Fassadendämmung, neue Haustür, neue Fenster, Dämmung des Vordachs; eine Rampe statt Stufe (rechts). So kommt jeder gut ins Haus.

bei der Sanierung oder bei einem Austausch auf einen schwellenfreien Zugang und eine ausreichend breite Balkontür.

Austausch der Hauseingangstür

- Schwellenfreier Zugang: Lassen Sie die Haustür auf 90 cm verbreitern. In den meisten Fällen ist ein schwellenfreier Zugang möglich.
- Leichte Bedienbarkeit: Die Tür sollte ohne viel Kraftaufwand geöffnet werden können.

- Umgestaltung des Eingangsbereichs: Sorgen Sie vor und hinter der Tür für Platz.
- Gitterroste in den Boden einlassen: So beseitigen Sie lästige Stolperfallen

Einbau neuer Fenster

- Niedrige Fenstergriffe: So lassen sich Fenster auch im Sitzen öffnen
- Fenster vergrößern: Das bringt mehr Licht und Sie können auch im Sitzen sehen, was auf der Straße passiert.

Beispiel

Herr und Frau Enders wohnen in einem freistehenden Einfamilienhaus aus den 1960er Jahren. Ihre zwei erwachsenen Kinder sind längst ausgezogen. In den 1970er Jahren wurden Fenster mit Doppelverglasung eingebaut. Der damalige Eigentümer tauschte auch die Heizung aus. Abgesehen von kleinen Ausbesserungsarbeiten stammen Dach und Fassade aus dem Erbauungsjahr. Herr und Frau Enders möchten das Haus nach und nach energetisch sanieren lassen. Jetzt, wo die Kinder auf eigenen Füßen stehen, haben sie dafür genug Geld. Vor ein paar Jahren ließen sie bereits die Kellerdecke isolieren und den Dachboden dämmen. Nun soll die Fassade gedämmt werden. Ein Energieberater empfiehlt ihnen, im Zuge dieser Arbeiten den Hauseingang barrierefrei zu gestalten. Herr und Frau Enders sind erstmal verwundert über diesen Rat. Daran hatten sie noch gar nicht gedacht. Je länger sie darüber sprechen, desto einleuchtender finden sie den Gedanken. Schließlich möchten sie noch lange in ihrem Haus wohnen bleiben.

Achten Sie beim Fensteraustausch auch auf niedrige Fenstergriffe.

Neuer Heizkörper: Das Thermostat sollte sich bequem bedienen lassen.

■ Elektrische Rollläden: Lassen Sie Strom legen. Dann können Sie später problemlos einen elektrischen Rollladenantrieb nachrüsten.

Neue Heizung

■ Thermostate am Heizkörper: Sie sollten so positioniert sein, dass sie gut erreichbar sind und sich im Sitzen und Stehen bedienen lassen.
■ Einbau einer Fußbodenheizung im Bad: Dann haben Sie immer warme Füße und können auf rutschige Badmatten verzichten. Besprechen Sie mit einem Heizungsinstallateur, ob Ihre Heizungsanlage dafür geeignet ist.
■ Automatische Steuerung: Lässt sich die Heizung weitgehend aus der Ferne steuern, müssen Sie dafür nur selten in den Keller gehen (siehe Seite 138 ff.).

Tipp

Die KfW-Bank fördert sowohl den altersgerechten Umbau als auch die energetische Sanierung. Weil es sinnvoll ist, beides zu verbinden, lassen sich die Programme kombinieren (siehe Seite 157).

Beispiel

Familie Erdmann ist Umweltschutz wichtig. Vor drei Jahren ließen Frau und Herr Erdmann die Hausfassade dämmen. Jetzt soll eine neue Heizung eingebaut werden. Sie möchten eine moderne Gas-Brennwertheizung haben, sind aber auch für andere Techniken offen. Weil durch die Dämmung der Energieverbrauch deutlich gesunken ist, wollen die Erdmanns ihre alten Heizkörper gegen neue, kleinere austauschen. Um die Heizung bequem steuern zu können, denken sie über eine Smart-Home-Lösung nach.

Daniel Bearzatto ist Energieberater bei der Agentur für Klimaschutz im Landkreis Tübingen. Die Agentur verknüpfte im Rahmen eines Modellprojektes die Energieberatung mit der Beratung zum altersgerechten Umbau. Die Erfahrungen waren so gut, dass sie auch weiterhin zu beiden Themenfeldern berät.

Herr Bearzatto, warum kamen die Hauseigentümer in Ihre Beratung?

Die Leute hatten oftmals ein konkretes Problem. Sie wollten die Wand dämmen oder ihre Heizung war defekt.

Wie war die Reaktion, als Sie auf das Thema Barriereabbau zu sprechen kamen?

Manche Eigentümer waren begeistert. Andere waren überrascht und haben gefragt: „Was hat das mit der energetischen Sanierung zu tun? Ich habe noch keinen Bedarf, deshalb tue ich noch nichts zum Barriereabbau."

Was haben Sie solchen Eigentümern geantwortet?

Wir haben versucht, den Leuten klarzumachen: „Ihr nehmt jetzt eine Menge Geld in die Hand, um euer Haus zu modernisieren. Dann sorgt doch auch dafür, dass ihr dort wohnen bleiben könnt." Da hat es oft klick! gemacht.

Wie ist der nächste Schritt?

Man sollte nicht einfach drauflos bauen. Was zuerst anliegt, ist von Haus zu Haus ganz unterschiedlich. Beim einen sind es die Fenster, beim anderen die Heizung. Es ist sinnvoll, einen Fahrplan für die energetische Sanierung zu erstellen und einen Fahrplan für den Barriereabbau. Am besten sind beide miteinander verbunden. Dann hat man die größten Synergieeffekte.

Was kostet die Wohnungsanpassung?

Umbauten und Renovierungen kosten Geld. Für ein neues Bad müssen Sie 7.000 bis 10.000 Euro kalkulieren, für ein neues dreifachverglastes Kunststofffenster rund 350 Euro pro Quadratmeter. Natürlich sind diese Preise nur grobe Richtwerte. Die tatsächlichen Kosten hängen von den Gegebenheiten bei Ihnen zu Hause und der Ausführung ab. Nach oben gibt es preislich kaum Grenzen.

Wenn Sie clever planen und rechtzeitig verschiedene Umbauarbeiten zusammenlegen, sparen sie langfristig Geld. Architekten und Handwerker müssen nur einmal beauftragt werden, Wiederherstellungskosten für während der Bauphase in Mitleidenschaft gezogene Bauteile fallen nur einmal an. Deshalb ist es sinnvoll, im Rahmen regulärer Modernisierungen oder einer energetischen Sanierung Barrieren im Haus abzubauen.

Manche Maßnahmen kosten – rechtzeitig geplant – keinen Cent extra. Für einen Fensterbauer beispielsweise macht es in der Regel keinen Unterschied, ob er die Fenstergriffe auf Normalhöhe oder im unteren Drittel des Fensters anbringt. Für Sie bedeutet es aber mehr Komfort, wenn Sie die Fenster auch im Sitzen öffnen können. Ein weiteres Beispiel: Rutschhemmende Fliesen im Bad sind sicherer und kosten nicht mehr als herkömmliche Bodenfliesen.

Andere Maßnahmen sind teurer. Beispiel bodengleiche Dusche: Eine einfache hohe Standard-Duschtasse mit Styropor-Trägerelement kostet rund 280 Euro, eine emaillierte bodengleiche Duschtasse dagegen rund 770 Euro.

Das ist ein deutlicher Preisunterschied. Trotzdem lohnt es sich, im Rahmen einer Badmodernisierung diese Extrakosten in Kauf zu nehmen. Eine bodengleiche Dusche ist deutlich bequemer zu nutzen und verschafft mehr zusätzliche Bewegungsfläche im Bad (siehe Seite 90). Und falls Sie irgendwann auf eine Gehhilfe angewiesen sind, müssen Sie nicht noch einmal umbauen. Ein weiterer Vorteil: Wenn Sie den Umbau frühzeitig planen, können Sie ein zinsgünstiges Darlehen der KfW-Förderbank in Anspruch nehmen. Wollen Sie die bodengleiche Dusche dagegen erst bei Bedarf einbauen lassen, würde es deutlich teurer werden, weil der Boden noch einmal geöffnet und notwendige Abdichtungen eingearbeitet werden müssten. Außerdem muss in solchen Fällen meistens schnell umgebaut werden, sodass keine Zeit bleibt, Förderanträge zu stellen.

Wie hoch die Extrakosten für den Barriereabbau ausfallen, ist schwer zu beziffern. In mehreren vom Bundesbauministerium geförderten Modellprojekten wurden Häuser und Wohnungen nach den „Technischen Mindestanforderungen" des KfW-Programms „Altersgerecht umbauen" modernisiert (siehe Seite 158 f.). Die Kosten lagen zwischen 2.000 und 40.000 Euro. Müssen in einem Bad nur die Sanitärobjekte neu angeordnet werden, ist das natürlich deutlich günstiger, als wenn das Bad mit einem angrenzenden Zimmer zusammengelegt wird, um mehr Platz zu schaffen. In den Projekten wurde aber auch deutlich: Je umfangreicher eine Woh-

Gut zu wissen

In den folgenden Kapiteln werden Preisbeispiele für bestimmte Umbauarbeiten oder Objekte genannt. Wenn nicht anders angegeben, beziehen sie sich auf Berechnungen aus der Region Berlin. Die Preise wurden von Architekten im Auftrag der Senatsverwaltung für Stadtentwicklung in Berlin für die Broschüre „Wohnungsanpassung – keine Frage des Alters" im Jahr 2010/2011 recherchiert. Weil die Baukosten jährlich steigen, liegen die Preise inzwischen rund 15 Prozent höher. Je nach Region ist mit weiteren Aufschlägen zu rechnen: Im Süden und Südwesten sind die Preise in der Regel höher als in Berlin, im Norden und Nordosten etwas niedriger. Wie teuer ein Umbau ist, hängt auch von den baulichen Gegebenheiten ab. Die angegebenen Preise können daher nur grob zeigen, was bestimmte Arbeiten kosten. Wenn ein Handwerksunternehmen den doppelten Preis verlangt, sollten Sie diesen kritisch hinterfragen. Es ist grundsätzlich sinnvoll, vor einem Umbau zwei bis drei Angebote einzuholen und zu vergleichen.

nung ohnehin saniert wurde, desto geringer fielen in Relation die Mehrkosten für den Barriereabbau aus. Im Schnitt betrugen die anpassungsbedingten Mehrkosten 10 bis 25 Prozent gegenüber einer Standardsanierung.

Berechnungen des Bundesinstituts für Bau-, Stadt- und Raumforschungen (BBSR) führen zu ähnlichen Werten. Danach kostet eine herkömmliche Badsanierung rund 7.400 Euro. Für barrierereduzierende Maßnahmen fallen rund 2.000 Euro extra an. Die Anpassung verteuert den Umbau also um rund 25 Prozent.

In der Tabelle zeigen wir Ihnen beispielhaft, was bestimmte Anpassungsmaßnahmen kosten.

Anpassungsmaßnahmen und Circapreise im Überblick

Was?	Circapreis
Bad	
Abriss und Entsorgung von Fußbodenfliesen	20 Euro/m²
Mosaikbodenfliesen liefern, verkleben, verfugen	130 Euro/m²
bodengleiche Dusche 90 × 90 cm gefliest, inkl. Fußbodeneinlauf	750 Euro
bodengleiche Dusche 170 × 71 cm gefliest, inkl. Fußbodeneinlauf	1.100 Euro
Duschtrennwand (Echtglas) – 160 cm lang mit Gleittür	2.280 Euro
Thermostatarmatur mit Handbrause und Brauseschlauch	390 Euro
Anbringung einer Haltestange für die Duschbrause mit Winkelgriff	260 Euro
statt einer gewöhnlichen Duschbrausestange	200 Euro
zusätzliche Wandverstärkung für Griffmontage, mit Montage	150 Euro
Wandstützgriff, 60 cm lang, mit Montage	240 Euro
Versetzen eines vorhandenen Toilettenbeckens – horizontal 2 m	500 Euro
Versetzen eines vorhandenen Toilettenbeckens – vertikal	80 Euro
Versetzen eines vorhandenen Waschbeckens – horizontal 2 m	150 Euro
Demontage Siphon und Montage Flachaufputzsiphon	90 Euro
Demontage und Entsorgung Waschbecken	50 Euro
Waschtisch – 55 × 55 cm mit Unterputzsiphon	430 Euro
Elektronik	
Versetzen von Lichtschaltern an Tür bei einer Türverbreiterung	90 Euro pro Stück
Versetzen von Steckdosen im Badezimmer	50 Euro pro Stück
FI-Schutzschalter in Unterverteilung nachrüsten	50 Euro
Türen	
Türverbreiterung inklusive Türblatt/Zarge, einfache Ausführung, 12 cm starke Wand, pro Stück	
In Gipskartonwand	400 Euro
In Mauerwerk einschließlich Sturz	750 Euro
Veränderung des Türanschlags	110 Euro
Schwellenbeseitigung pro Innentür	140 Euro
Treppen, außen	
3 Stufen, Beton	650 Euro
Handlauf – Metall verzinkt	270 Euro

(Quelle: Senatsverwaltung für Stadtentwicklung Berlin)

Eine gute Planung verhindert Doppelarbeiten.

Von der Idee zur Umsetzung – So können Sie vorgehen

Wenn Sie sich grundsätzlich dafür entschieden haben, Ihr Haus zukunftssicher umzubauen, sollten Sie sich beraten lassen. Denn jedes Haus ist anders und oft sind individuelle Lösungen gefragt. Gute Ansprechpartner sind Wohnberatungsstellen, die allerdings von Bundesland zu Bundesland unterschiedlich stark vertreten sind (siehe Seite 150 f.). Die Mitarbeiter oder externe Fachleute besichtigen das Haus, zeigen Schwachstellen auf und erklären, welche Umbauten ohne großen Aufwand möglich sind und sich gut kombinieren lassen. Sie können auch einschätzen, wo dringend Handlungsbedarf besteht, und eine grobe Schätzung zu den Kosten abgeben.

Oft ist es leichter, sich eine Vorstellung über mögliche Umbauten zu machen, wenn man Beispiele sieht. Inzwischen gibt es in zahlreichen Städten Musterwohnungen und -häuser, die zeigen, wie barrierefreies Wohnen aussehen kann. Nutzen Sie diese Möglichkeit. Vielleicht bekommen Sie die ein oder andere gute Idee für Ihr Zuhause.

Wenn Sie sich ausreichend informiert fühlen, können Sie in die konkrete Planung gehen. Auch dabei helfen die Wohnberatungsstellen. Die Mitarbeiter kennen in der Regel spezialisierte Architekten oder Handwerker. Bei großen Umbauprojekten lohnt es sich, einen Architekten einzuschalten. Schildern Sie ihm möglichst detailliert Ihre Vorstellungen und halten Sie wesentliche Ziele schriftlich fest (siehe Seite 147). Der Architekt übernimmt die Planung und kann Ihnen eine gute Einschätzung geben, wie viel die Arbeiten kosten werden.

Kleinere Maßnahmen wie einen Badumbau übernehmen Handwerker. Sind verschiedene

Gewerke beteiligt, ist es hilfreich, einen Handwerker zu haben, der den Umbau koordiniert, überwacht und als Ansprechpartner dient (siehe Seite 155 f.). Viele Sanitärfirmen bieten ein sogenanntes Komplettbad an. Holen Sie sich vor der Beauftragung zwei bis drei Angebote ein und vergleichen Sie die Preise und Leistungen.

Wenn Sie eine grobe Vorstellung haben, welche Kosten auf Sie zukommen, müssen Sie sich um die Finanzierung kümmern. Wie viel Geld steht zur Verfügung? Gibt es Förderprogramme, die Sie in Anspruch nehmen können? Welche Anforderungen müssen dafür erfüllt sein (siehe Seite 157 f.)? Auf Basis dieser Informationen können Sie entscheiden, welche Maßnahmen Sie jetzt umsetzen wollen und welche bis zu einem späteren Zeitpunkt warten können. Möglicherweise nehmen Sie auch Abstand von bestimmten Umbauten, weil Aufwand und Kosten zu groß wären. Letztlich liegt es an ihnen, abzuwägen, wie viel Sie in Ihr Haus investieren möchten.

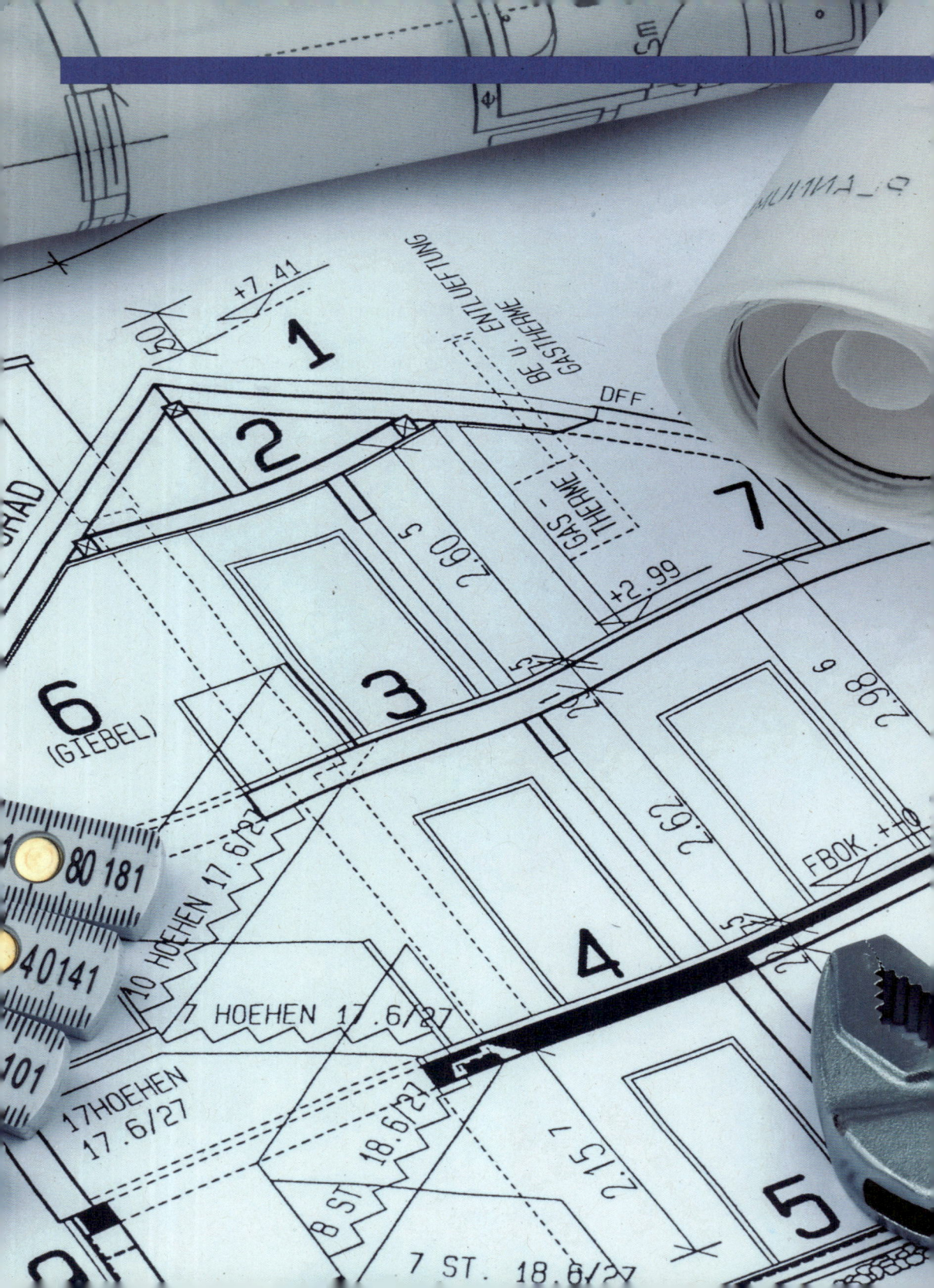

Tipps zum Umbau

Jeder Umbau ist individuell. Er hängt von den eigenen Wünschen, den finanziellen Möglichkeiten und den Gegebenheiten vor Ort ab. Es ist schwierig, pauschale Empfehlungen zu geben. Denn was bei dem einen Haus passt, lässt sich bei einem anderen nicht realisieren. Dann müssen Kompromisse her. Die folgenden Seiten sollen Ihnen eine Vorstellung geben, wie Sie sich das Leben zu Hause durch kleine und größere Veränderungen komfortabler machen können – jetzt und für die Zukunft.

Eingangsbereich

Beispiel

Herr Enders ärgert sich, dass er jeden Monat Geld verbrennt. Die neue Heizung verbraucht zwar wenig Gas, doch dringt die teuer erzeugte Wärme durch die Wände und die alten Fenster nach draußen. Deshalb soll zunächst die Fassade gedämmt und die Eingangstür ausgetauscht werden. Nach einigem Überlegen entscheiden sich Herr und Frau Enders dafür, den Rat des Energieberaters zu befolgen und im Zuge der Fassadendämmung auch den Eingangsbereich zu erneuern. Es hat sie schon immer gestört, dass so wenig Platz vor der Eingangstür ist.

Vordach und moderne Tür, aber dafür Fußmatte mit Schwelle.

Die Dämmung der Hausfassade ist ein guter Zeitpunkt, über die Neugestaltung des Eingangs und den Austausch der Fenster nachzudenken. Schließlich ist es ärgerlich, wenn die Hauswände dick verpackt sind, die Wärme aber über eine zugige Haustür und schlecht

*Ein Vordach bietet Regenschutz. Ideal sind Tür-
breiten ohne Stolperfallen.*

schließende Fenster entweicht. Außerdem
lassen sich Tür und Fenster so an die Dämmung anpassen. Werden sie im Mauerwerk
etwas weiter nach vorne gesetzt, bleibt die
ursprüngliche Optik trotz der Dämmhülle weitgehend erhalten. Vielleicht möchten Sie die
Tür aber auch austauschen, weil sie schlecht
schließt oder Ihnen nicht mehr gut gefällt.
Bei dieser Gelegenheit lohnt ein Blick auf den
gesamten Eingangsbereich. Kommen Sie gut
zu Ihrer Haustür? Oder müssen Sie bis zur Eingangstür mehrere Stufen hochsteigen? Ist der
Eingangsbereich überdacht oder stehen Sie
bei Regen im Nassen? Und haben Sie auch mit
Einkaufstüten, Sporttasche, Reisetrolley und
Kinderwagen genug Platz, um sich vor und
hinter der Tür zu bewegen? Falls nicht, sollten
Sie die Gelegenheit zum Umbau nutzen. Ein

stufen- und schwellenloser Eingang mit viel
Platz macht das Heimkommen einfacher.

Die Eingangstür

Die Haustür muss viele Funktionen gleichzeitig
erfüllen. Sie soll gut aussehen und den Bewohnern ermöglichen, bequem ins Haus zu gelangen. Sie muss so dicht sein, dass keine Wärme
entweicht. Gleichzeitig soll die Tür vor Einbruch
schützen. Viele alte Haustüren erfüllen diese
Funktionen nicht mehr ausreichend. Was nicht
bedeutet, dass sie in jedem Fall ausgetauscht
werden müssen. Vor allem bei historischen
Massivholztüren oder jüngeren, für bestimmte
Bauzeiten typischen Türen wäre das schade.
Fragen Sie einen spezialisierten Handwerker –
beispielsweise einen Schreiner oder Schlosser –, ob sich Ihre alte Haustür an die heutigen
Anforderungen an Wärmeschutz und Sicherheit
anpassen lässt. Wird die Einfachverglasung der
alten Tür gegen Wärmeschutzglas ausgetauscht,
verbessert das die Energiebilanz. Durch den
nachträglichen Einbau eines einbruchhemmenden Schlosses, die Montage eines Schutzbe-
schlages mit Zylinderabdeckung, spezielle Bän-
dersicherungen und Schließbleche erhöhen Sie
den Einbruchschutz. Achten Sie darauf, dass
auch der Rahmen fest verankert ist.

Wenn Sie sich für den Austausch der Eingangstür entscheiden, stehen Sie vor einem riesigen
Angebot: Aluminium, Edelstahl, Holz, Kunststoff oder eine Kombination dieser Werkstoffe –
Türen gibt es in den unterschiedlichsten Ausführungen. Auch die persönlichen Vorlieben
entscheiden mit. Allerdings haben die einge-
setzten Materialien Auswirkungen auf das Gewicht der Tür und damit auf die Bedienbarkeit.
Fragen Sie beim Fachhändler nach Türen, die
sich ohne großen Kraftaufwand öffnen lassen

Ein Eingangsbereich im Wandel.

(siehe Seite 16). Erkundigen Sie sich außerdem nach dem Pflegeaufwand. Schließlich ist die Haustür ständig der Wechselwirkung von Nässe, UV-Strahlung der Sonne, Kälte und Hitze ausgesetzt. Das hinterlässt Spuren. Holztüren, insbesondere mit einem gedämmten Kern, bieten einen guten Wärmeschutz, sind dafür aber in der Regel pflegeaufwändiger als Aluminium- oder Kunststofftüren. Sie müssen regelmäßig gereinigt, neu grundiert und gestrichen werden. Ist die Tür durch ein Vordach vor Regen geschützt, gut lasiert oder lackiert, hält sich der Aufwand allerdings in Grenzen.

Neben der guten Optik sind folgende Kriterien wichtig bei der Auswahl:

Wärmeschutz. Über die Eingangstür soll möglichst wenig Wärme nach draußen gelangen. Maßgeblich ist der Wärmedurchgangswert (U-Wert). Er gibt an, wie viel Wärme durch ein Bauteil entweicht. Je kleiner der U-Wert, desto besser ist der Wärmeschutz. Eine neue Eingangstür sollte einen U-Wert von 1,5 W/(m²K)

Tipp

Eine neue Haustür sollte den Mindeststandards der europäischen Produktnorm DIN EN 14351-1 entsprechen. Darin werden unter anderem Mindestanforderungen an Wärmedämmung, Einbruchschutz, Schallschutz und Stoßfestigkeit definiert. Türen, die das RAL-Gütezeichen 695 tragen, wurden außerdem einer unabhängiger Qualitätskontrolle unterzogen.

oder kleiner haben. Passivhaustüren erreichen sogar einen U-Wert von bis zu 0,6 W/(m² K). Damit die Wärme im Haus bleibt, muss die gesamte Türkonstruktion dicht sein. Neben zwei umlaufenden Dichtungen ist der Einbau einer absenkbaren Bodendichtung sinnvoll. Sie senkt sich – wie der Name sagt – beim Schließen der Tür automatisch ab und verhindert, dass Lärm oder Zugluft ins Haus gelangen. Noch besser ist die Montage einer Magnetdoppeldichtung, weil so auf die Türschwelle verzichtet werden kann (siehe Seite 46 f.). Beim Einbau der Tür muss darauf geachtet werden, dass die Anschlussfuge zwischen Rahmen und Mauerwerk dicht ist. Sonst entweicht an dieser Stelle Wärme nach draußen. Und das wäre ärgerlich.

5-Punkt-Verriegelung und Sperriegel für mehr Sicherheit.

Gut zu wissen

Für einen wirksamen Einbruchschutz ist es wichtig, dass alle Komponenten aufeinander abgestimmt sind und fachgerecht eingebaut werden. Die Polizeiliche Kriminalprävention der Länder und des Bundes gibt auf der Internetseite k-einbruch.de Tipps zum Nachrüsten bestehender Türen. Dort werden auch die verschiedenen Widerstandsklassen von Haustüren beschrieben. Auf der Internetseite www.zuhause-sicher.de stehen weitere Tipps zum Einbruchschutz. Und unter www.polizei-beratung.de – Stichwort „Einbruchhemmende Produkte" erhalten Sie eine Liste von Herstellern einbruchhemmender Produkte.

Sicherheit. Nach der DIN EN 1627 gibt es für Haustüren sechs Widerstandsklassen, die mit dem Kürzel RC 1 bis RC 6 gekennzeichnet sind. Je höher die Zahl, desto besser ist der Einbruchschutz. Die Polizei empfiehlt Türen mit der Widerstandsklasse RC 2 bis RC 3. Höhere

Widerstandsklassen sind nur in besonderen Fällen erforderlich. Mit einem RC-Wert ausgezeichnete Türen werden einer Einbruchprüfung unterzogen. So soll sichergestellt werden, dass Türblatt, Zarge, Schloss und Beschlag aufeinander abgestimmt sind. Die Glaselemente müssen einbruchsicher sein, Beschläge dürfen nicht ausgehebelt und Profilzylinder nur schwer aufgebohrt werden können. Außerdem soll das Schloss mehrpunktverriegelt sein. Damit ist gemeint, dass die Tür an mehreren Stellen gleichzeitig gesichert ist. Empfohlen werden 3-Punkt- oder besser 5-Punkt-Verriegelungen. Eine einbruchhemmende Tür bietet aber nur dann zusätzlichen Schutz, wenn sie fachgerecht eingebaut wird. Bitten Sie den Handwerker um eine Montagebescheinigung.

Für mehr Sicherheit können Sie außerdem einen Sperrbügel anbringen. Er verhindert, dass eine spaltbreit geöffnete Tür einfach aufgestoßen wird. Um zu erkennen, wer vor der Haustür steht, kann ein Weitwinkelspion

Eine Kamera zeigt drinnen, wer draußen steht.

Bei modernen Klingeln lassen sich in der Regel mehreren Ruftöne einstellen, die sich aus verschiedenen Frequenzen zusammensetzen. Das erleichtert das Hören. Verfügt die Klingel zusätzlich über ein optisches Signal, nimmt man sie auch wahr, wenn Musik aufgedreht ist oder der Staubsauger läuft.

Gut zu wissen

Sicherheit ist mehr als Einbruchschutz. Mit einer beleuchteten Hausnummer, die gut von der Straße zu erkennen ist, sorgen Sie dafür, dass Rettungskräfte im Notfall schnell Ihr Haus finden. Solarbetriebene Modelle gibt es schon für deutlich unter 100 Euro zu kaufen.

Bei längeren Reisen ist es gut, wenn etwa Nachbarn den Briefkasten leeren. Überquellende Post könnte Einbrecher anlocken. Vorteilhaft sind auch in die Hauswand oder Haustür eingelassene Briefschlitze. Die Post wird dann innen in einem großen Korb aufgefangen. Weil über solche Briefkästen Wärme aus dem Haus entweicht, gibt es wärmegedämmte Briefschlitze.

eingebaut werden. Er sollte einen Blickwinkel von mindestens 170 Grad erlauben. Deutlich mehr Komfort bieten Klingelanlagen mit Videokamera oder Türspion-Kameras, die anstelle des Türspions eingebaut werden. Die Bilder der Kameras werden auf einen Bildschirm im Haus, einen tragbaren Computer oder auf das Handy übertragen. Das hat den Vorteil, dass Sie nicht an die Tür treten müssen, um zu sehen, wer draußen steht. Es gibt auch Modelle, die Besucher filmen oder fotografieren. Wenn Sie zum Zeitpunkt des Besuchs nicht zu Hause sind, können Sie später feststellen, wer vor der Haustür stand. In vernetzten Häusern – sogenannten Smart Homes – lässt sich die Tür auch über einen Tablet-Computer oder das Smartphone öffnen (siehe Seite 138). Manche Kameras verfügen zusätzlich über Infrarot, damit Sie Besucher im Dunkeln erkennen können. Geht das Licht vor der Haustür über einen Bewegungsmelder automatisch an, ist diese Funktion aber nicht so wichtig.

Komfort. Genauso wichtig wie Sicherheit und Wärmeschutz ist der Komfort. Sie möchten schließlich auch mit Einkaufstaschen in der Hand oder einem Kind auf dem Arm bequem das Haus betreten können. Die Tür sollte eine Durchgangsbreite von 90 cm haben. Dann kommen auch Besucher mit einem Rollator oder einem Kinderwagen problemlos hindurch. Viel breiter sollte die Tür aber auch nicht sein, sonst wird der Türflügel zu schwer.

Probieren Sie beim Händler aus, wie einfach oder schwer sich verschiedene Türmodelle öffnen lassen. Versuchen Sie, die Tür mit einer Hand oder seitlich mit der Schulter aufzudrü-

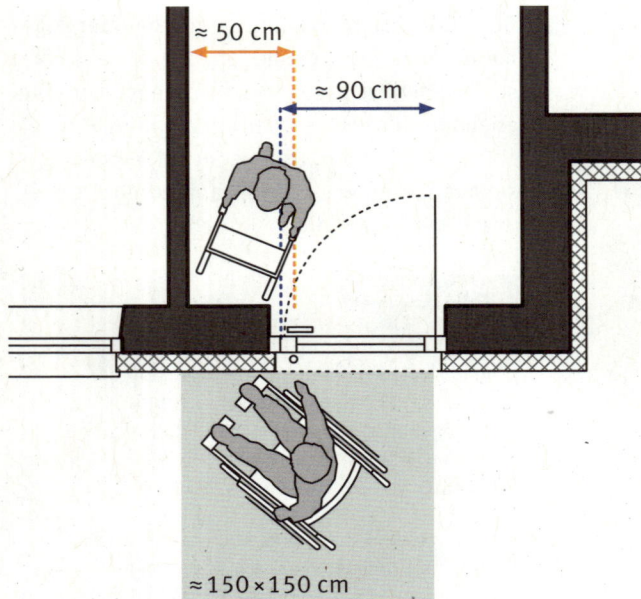

≈ 50 cm

≈ 90 cm

≈ 150 × 150 cm

Schon an der Eingangstür sollten Sie auf Bewegungsfreiheit achten.

cken. Oder stellen Sie sich zum Öffnen auf ein Bein. Dann merken Sie, wie gut sich die Tür bedienen lässt.

Gut zu wissen

Bei der Berechnung von Türbreiten werden verschiedene „lichte Breiten" angegeben. Mit der Rohbaulichte oder Mauerlichte ist die eigentliche Maueröffnung gemeint. Von ihr muss noch das Maß für die Türzarge – den Türrahmen – abgezogen werden, um die tatsächliche Durchgangsbreite zu ermitteln. Bei einem Rohbaumaß von 88,5 cm erhält man mit einer Standardzarge 80–82 cm lichte Durchgangsbreite.

Außerdem ragen große Türen weit in den Raum hinein und nehmen viel Platz weg. Platz können Sie an der Haustür aber kaum genug haben.

Vor der Eingangstür sollte eine Fläche von 120 × 120 cm, besser noch von 150 × 150 cm frei sein. So können Sie bequem einen Kinderwagen, die Einkaufstaschen oder einen Rollator abstellen, während Sie die Haustür aufschließen.

Bestehende Podeste sind jedoch häufig deutlich kleiner, oder die Tür schließt direkt an Treppenstufen an. Das erschwert Ihnen und Ihren Besuchern den Eintritt. In diesem Fall sind Sie beim Öffnen gezwungen, bis zum Rand des Podestes oder sogar rückwärts die Stufen hinunterzugehen. Und Besucher bekommen die Tür beim Öffnen fast ins Gesicht gedrückt. Das können Sie vermeiden, indem Sie bei einer Erneuerung des Eingangsbereichs zwischen Türkante und Treppenbeginn genügend Platz einplanen.

Den Briefkasten weg von der Straße, hin zur Tür.
So lassen sich lange Wege vermeiden.

Eine Briefschlitzhöhe von 85–105 cm ist ideal.

Wichtig

Wird der Eingangsbereich erneuert, sollten Sie darauf achten, dass das Podest vor der Tür und die Bodenplatte des Hauses thermisch voneinander getrennt sind: Das Podest darf nicht an der Fassade aufgehängt werden, sondern muss eigenständig verankert sein. Sonst fließt die Raumwärme über die Bodenplatte nach außen ab.

Viel freie Fläche brauchen Sie auch im Vorraum hinter der Eingangstür. Dort sollte mindestens 60 cm Platz sein. Frei bewegen können Sie sich ab einer Fläche von 120 × 120 cm. Die Realität sieht aber oft anders aus. In vielen älteren Häusern ist der Windfang eng und verwinkelt gestaltet. Das erschwert den Eintritt ins Haus oder macht ihn bei einer Gehbehinderung sogar unmöglich. Sprechen Sie mit einem Handwerker oder Architekten. Vielleicht lässt sich der Windfang so umgestalten, dass Sie mehr Raum bekommen.

Häufig wird vergessen, wie viel Platz man seitlich neben einer Tür braucht. Das Minimum sind 25–30 cm, besser aber 50 cm. So können Sie sich beim Öffnen neben den Türflügel stellen und müssen nicht rückwärtsgehen, um ihm auszuweichen. Das ist deutlich bequemer und für Menschen mit Kinderwagen oder Rollator unerlässlich. Sie müssen beim Öffnen der Tür sonst umständlich rangieren. Fehlt der Platz, können Sie – falls Sie sowieso Eingriffe in die Fassade vornehmen oder das Raumkonzept verändern – über eine Versetzung der Eingangstür nachdenken. Das ist aber mit einigem Aufwand verbunden.

Nicht immer lassen sich alle Idealmaße umsetzen. Dann sind Kompromisse gefragt. Wählen
Sie aus diesem Grund besser eine 80 statt
eine 90 cm breite Tür, wenn Sie dadurch ein
Mindestmaß an seitlicher Bewegungsfläche
schaffen.

*Einbau einer Türschwelle mit Magnetdichtung.
Der Weg außen und der Belag innen müssen noch
angelegt werden.*

Wie viel Platz haben Sie im Vorraum hinter dem
Windfang? Können Sie dort eine Garderobe
und ein Schränkchen für Schals und Hand-
schuhe aufstellen? Praktisch ist ein Sessel
oder ein Stuhl mit Armlehnen, um die Schuhe
an- und auszuziehen. Ist Ihr Vorraum klein,
können Sie überlegen, ob sich Garderobe und
Kommode an einem anderen Ort platzieren
lassen. Vielleicht ist es auch möglich, die Garderobe zurückzuversetzen, damit Jacken und
Mäntel nicht in den Raum hineinragen und
Platz wegnehmen.

Es lohnt sich, über solche Details nachzudenken. Schließlich betreten Sie jeden Tag Ihr
Haus. Und das soll so angenehm und einla-
dend wie möglich sein.

Schwellen

Heute ist es technisch kein Problem, Hauseingänge schwellenfrei zu gestalten. Man muss
nur daran denken, sich die Mühe machen
und etwas mehr Geld investieren. Es lohnt
sich. Denn jede beseitigte Schwelle ist eine
Stolperfalle weniger. Und mit einem Rollator
können schon wenige Zentimeter zu einem
unüberwindlichen Hindernis werden. Im Ex-
tremfall heißt das: Sie kommen nicht mehr
allein in Ihr Haus hinein oder heraus. Bewegungsfreiheit sieht anders aus. Wenn Sie bei
Umbauten an ebenerdige Zugänge denken,
tun sie viel dafür, lange selbstständig zu
Hause wohnen zu können.

Um die Schwelle am Eingang zu beseitigen,
wird an der Haustür eine Magnetdoppeldichtung angebracht. Eine Magnetdichtung sitzt
an der Unterseite des Türflügels, die zweite
in einer komplett im Boden eingelassenen
Fußleiste. Beim Schließen der Tür werden
die Magnete angehoben, bis sie aufeinander
sitzen. Sie dichten den Wohnbereich gegen
Feuchtigkeit, Wind und Schmutz ab und halten
die Wärme im Haus. Beim Öffnen versinken
die Magnete in der Schwelle. Um zu verhindern, dass Feuchtigkeit nach innen dringt, verfügen die Laufschienen über einen integrierten Wasserablauf. Zusätzlich werden vor der
Haustür Rinnen oder Sickerflächen eingebaut.
Besonders effektiv sind an eine Entwässerungsleitung angeschlossene Rinnen, die sich
aber nicht immer realisieren lassen. Alternativ
kann eine sogenannte Sickerpackung – eine
Sickerfläche – eingebaut werden. Sie stößt
bei Starkregen aber an ihre Grenzen, weil die
große Wassermenge nicht schnell genug ver-
sickern kann. Diese Variante eignet sich deshalb nur, wenn die Eingangstür zurückversetzt

Eingang mit minimaler Schwelle niedriger als 2 cm, abgerundetes Profil.

Eine Stolperfalle weniger: ein eingelassener Gitterrost.

unter einem Dachüberstand oder unter einem Vordach liegt.

Schwellenlose Eingänge sollten grundsätzlich überdacht sein. Gibt es bereits ein Vordach, sollte ein Fachmann prüfen, ob dort eine Wärmebrücke besteht. In diesem Fall ist es sinnvoll, das Dach nachträglich zu dämmen oder auszutauschen, damit nicht unnötig Energie aus dem Haus entweicht. Neue Vordächer werden entsprechend isoliert oder freistehend angebracht.

Gut zu wissen

Von Wärmebrücken wird immer dann gesprochen, wenn Wärme durch ein Bauteil schneller nach außen dringt als durch angrenzende Bereiche. Das führt zu Wärmeverlusten, außerdem besteht die Gefahr, dass sich an kühlen Oberflächen Kondenswasser niederschlägt und Schimmel bildet.

Sprechen Sie mit einem Fachmann, welche Lösungen er für einen schwellenfreien Eingang

empfiehlt. Lassen Sie sich nicht mit einem „Das geht nicht" abwimmeln. Nicht alle Handwerker kennen sich mit schwellenfreien Türen aus. Holen Sie lieber eine zweite Meinung von einem Unternehmen ein, das sich auf barrierefreie Umbauten spezialisiert hat (siehe Seite 155 f.). Nur in Ausnahmen, etwa bei besonders hohen Anforderungen an Schall- oder Wärmeschutz, lässt sich die Türschwelle tatsächlich nicht vermeiden. Dann sollte sie maximal 2 cm hoch sein.

Andere Schwellen, die häufig übersehen werden, sind Gitterroste und Schuhabstreifmatten. Sie liegen mehr oder weniger rutschfest auf dem Boden, sodass man leicht an ihnen hängen bleibt. Das ist unnötig. Lassen Sie bei einer Neugestaltung des Eingangs Gitterrost und Bodenmatte bündig in den Fußboden integrieren. Übrigens: Liegt der Gitterrost quer zur Laufrichtung, sinkt die Rutschgefahr. Und in flachen Matten bleibt man weniger leicht mit Absätzen oder Gehstöcken hängen als in hochflorigen.

Lösung für alle Fälle: Treppe mit Handlauf ... und mit Rampe von rechts.

Treppen

Auf Schwellen kann man verzichten, auf Stufen häufig leider nicht. Viele Hauseingänge sind nur über Treppen zu erreichen. Mal sind es ein bis zwei Stufen, häufig auch deutlich mehr. Sie können einiges dafür tun, die Treppe besser begehbar zu machen. An erster Stelle steht der Handlauf. Er lässt sich in vielen Fällen ohne großen Aufwand anbringen und bietet viel Sicherheit – bei Nässe, mit hohen Stöckelschuhen oder wenn jemand nicht gut zu Fuß ist. Der Handlauf sollte ungefähr 85–90 cm über den Stufen angebracht werden und sich gut umgreifen lassen. Die DIN 18040-2 schreibt runde oder ovale Handläufe mit einem Durchmesser von 3–4,5 cm vor. Daran können Sie sich orientieren. Probieren Sie am besten verschiedene Handläufe aus. Sie werden schnell merken, welche sich gut anfühlen. Die Halterungen kommen an die Unterseite, damit sie beim Entlangfahren mit der Hand nicht stören. Da die

Hand beim Treppensteigen immer einen Schritt voraus ist, sollte der Handlauf am Anfang und Ende der Treppe 30 cm über die Stufen hinausragen. An diesen Enden kann man leicht mit der Jacke oder einer Handtasche hängenbleiben. Deshalb sollte das Anfangs- und Endstück nach unten oder zur Seite gebogen sein.

Rechts oder links? Jeder Mensch hat eine bevorzugte Greifhand. Wenn Sie an jeder Treppenseite einen Handlauf anbringen, können Sie sich immer mit der Lieblingshand festhalten. Soll der Handlauf nachträglich an einer gedämmten Fassade befestigt werden, ist es wichtig zu wissen, welches Wärmedämmverbundsystem angebracht wurde. Denn für die verschiedenen Systeme gibt es unterschiedliche Montageadapter und Dübel. Fragen Sie am besten bei dem Unternehmen nach, das die Dämmung aufgebracht hat, oder wenden Sie sich an einen Schlosser.

Hauseingang – schön beleuchtet und sicher.

Wie gut ist Ihre Eingangstreppe noch in Schuss? Ist der Belag an mehreren Stellen abgeplatzt oder wird er bei Nässe glatt? In diesem Fall kann er gegen einen neuen, rutschhemmenden Belag ausgetauscht werden. Die Rutschfestigkeit wird über den sogenannten R-Wert angegeben. Die Skala reicht von R9 bis R13. Ein Bodenbelag draußen sollte mindestens R11 haben. Das erfüllen sowohl Betonwerksteine als auch Natursteine. Erkundigen Sie sich am besten bei einem Fachhändler nach geeigneten Materialien.

Gefällt Ihnen die Optik der Treppe nach wie vor oder hätten Sie lieber eine großzügigere Variante? Lässt sich die Treppe gut gehen? Vielleicht haben Sie sich schon einmal über die steilen Stufen oder die geringe Auftrittstiefe geärgert. Oder Sie stellen fest, dass sich an mehreren Stellen Risse gebildet haben. Möglicherweise ist die Treppe nicht nur oberflächlich beschädigt, sondern auch eingeschränkt tragfähig. Dann ist es sinnvoll, über den Abriss und einen Neubau nachzudenken.

Beispiel

Die Treppe von Familie Enders hat ein Außengeländer. Einen zweiten Handlauf an der Hausfassade finden die Eheleute im Moment nicht wichtig. Sie möchten ihn aber bei Bedarf nachrüsten können. Herr Enders bittet den Handwerker, vor der Fassadendämmung Montageadapter anzubringen, an die später ein Handlauf montiert werden kann. Außerdem notiert er sich, welches Wärmedämmverbundsystem verwendet wird. Falls er später eine Markise oder Ähnliches befestigen will, kann er so schneller herausfinden, welche Dübel und Halterungen notwendig sind.

Gut zu wissen

Bei einer Fassadendämmung ist es manchmal nicht möglich oder nicht wirtschaftlich, eine bestehende Treppe am Haus mitzudämmen. Bleibt sie wie sie ist, kann eine Wärmebrücke entstehen (siehe Seite 47). Um das zu vermeiden, wird die Treppe abgebaut und die Fassade durchgängig gedämmt. Das hat den Vorteil, dass die Treppe nicht mehr direkt an die Hauswand anschließt und auf diesem Weg keine Wärme entweichen kann. Sie können danach die alte Treppe wieder ansetzen lassen. Das lohnt sich aber nur, wenn die Treppe intakt ist. Falls nicht, lassen Sie besser eine neue anbauen.

Um Treppen sicher gehen zu können, brauchen Sie Licht. Gut ausgeleuchtete Stufen übersieht man nicht so leicht. Bringen Sie die Lampen so an, dass Sie beim Hoch- oder Runtergehen der Treppe nicht direkt hineinsehen und dadurch geblendet werden.

An einem Untertritt bleibt man leicht mit dem Fuß hängen.

Solche mobile Rampen lassen sich bei Bedarf wie ein Teleskop ausziehen.

Beginnt die Treppe bisher direkt an der Haustür, sollten Sie über eine Versetzung nachdenken, um mehr Platz am Eingang zu schaffen (siehe Seite 44 f.). Grundsätzlich sind geschlossene Treppen besser zu gehen als solche mit offenen Stufen oder Stufen mit vorstehenden Kanten. Offene Stufen führen – vor allem bei Menschen mit motorischen oder visuellen Einschränkungen – eher zu Verunsicherung. An vorstehenden Kanten bleibt man leichter hängen. Falls Sie planen, eine neue Treppe einzubauen, empfiehlt es sich, auf ein geschlossenes Stufenprofil zu achten. Als Richtwert für die Stufen gilt: maximal 17,5 mm hoch und mindestens 28 cm tief. Ein rutschhemmender Belag ist wichtig, damit die Treppe auch bei Nässe nicht glatt wird.

Rampen

Treppen können lästig sein, wenn man schwere Sachen nach Hause trägt oder einen Kinderwagen hochziehen muss. Für Rollator- oder Rollstuhlnutzende werden Treppen zu einem unüberwindbaren Hindernis. Deshalb lohnt es sich, bei einer Umgestaltung des Eingangs zu überlegen, ob Stufen grundsätzlich vermieden werden können oder eine Kombina-

tion aus Treppe und Rampe möglich ist. So haben Sie höchste Flexibilität.

Müssen nur ein oder zwei Stufen überwunden werden, kann möglicherweise das Gelände im Vorgarten so angehoben werden, dass ein ebenerdiger Eingang entsteht. Um größere Höhenunterschiede mit einer Rampe auszugleichen, braucht man Platz. Nach der DIN 18040-2 dürfen Rampen maximal 6 Prozent Steigung haben und müssen 120 cm breit sein. Das heißt: Um 6 cm Höhe zu überwinden, muss die Rampe

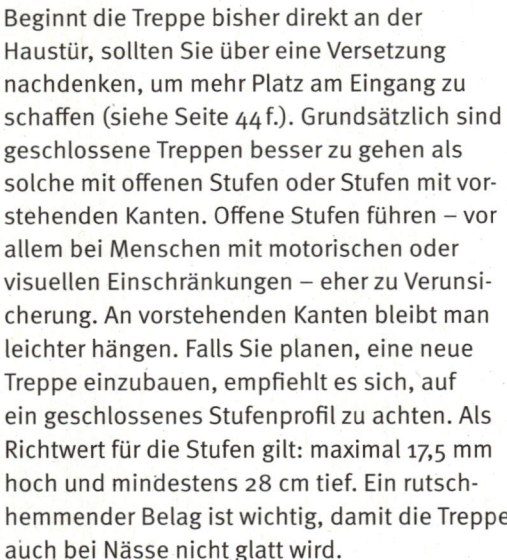

Preisbeispiel

Rampen gibt es in vielfältigen Ausführungen: Metallrampen sind häufig teurer als Beton- oder Steinrampen. Eine feste Rampe in Metallausführung mit Handlauf und Radabweisern kostet rund 930 Euro für den laufenden Meter, ein Modell aus Beton oder Stein mit Stützmauer rund 600 Euro pro laufenden Meter. Daneben gibt es mobile Rampen, die an verschiedenen Orten eingesetzt werden können

Der Zugang zum Haus – vorher mit Stufen, nachher als Rampe.

1 m lang sein. Die DIN schreibt außerdem vor, dass spätestens nach 6 m ein Zwischenpodest von mindestens 150 cm Länge eingebaut wird und am Anfang und Ende der Rampe Bewegungsflächen von 150 × 150 cm vorhanden sind. An diese Vorschriften müssen Sie sich natürlich nicht halten. Sie bieten aber eine gute Orientierung. Bauen Sie die Rampe viel steiler, oder verzichten Sie auf die Zwischenpodeste, wird es anstrengend, sie zu befahren. Im Ausnahmefall fördert die KfW im Privatbereich auch Rampen mit bis zu 10 Prozent Steigung und 1 m Breite. Um solche Rampen zu überwinden, braucht man aber viel Kraft oder die Hilfe einer Begleitperson.

Fehlen die Freiflächen am Anfang und Ende der Rampe, bleibt wenig Platz zum Rangieren. Durch die Podeste verlängert sich die Rampe aber noch zusätzlich. Ab einem Höhenunterschied

Rechenbeispiel

Mit folgender Formel können Sie die benötigte Länge einer Rampe selbst ausrechnen:

$$\frac{\text{Höhe} \times 100}{\text{Steigung}} = \text{Länge}$$

Bei einer Höhe von 0,45 m und einem Gefälle von 6 % wäre die Rampe 7,5 m lang. Mit einem Zwischenpodest (1,50 m) und den Rangierflächen am Anfang und Ende der Rampe (jeweils 1,50 m) ergibt sich eine Gesamtlänge von 12 m. Verfügt die gleiche Rampe über 8 % Steigung, hätte sie immer noch eine Gesamtlänge von 10,13 m.

Tipp

Lässt sich aus Platzgründen im Vorgarten keine Rampe errichten, bietet sich vielleicht eine Lösung über den Garten an (siehe Seite 60, Terrasse).

von 50 cm und einer Rampenlänge von 6 m lohnt es sich, über Alternativen nachzudenken.

Bei manchen Häusern ist der Gartenweg als Treppe gestaltet. Zwischen den Wegabschnitten liegen einzelne Stufen. Sie lassen sich häufig vermeiden. Um geringe Höhenunterschiede auszugleichen, reicht es oft aus, die Wege aufzuschütten. Oder es werden kleine Rampen angebaut. Achten Sie darauf, dass der Weg breit genug ist und einen rutschhemmenden Belag hat (siehe Seite 49). Landschaftsarchitekten oder Fachleute eines Gartenbaubetriebes können Ihnen Gestaltungsvorschläge machen.

Lichtverhältnisse

Schönes Licht im Garten schafft eine angenehme Atmosphäre. Und wer gut sieht, kann sich entspannt und sicher bewegen. Deshalb sollten Gehweg, Treppe und Eingangsbereich gut ausgeleuchtet sein. Zur Beleuchtung der Wege bieten sich Sockel-, Mast- oder Pollerleuchten an. Niedrige Pollerleuchten fügen sich gut in den Garten ein und fallen dadurch wenig auf. Da sie immer nur einen kleinen Teil des Weges beleuchten, müssen sie in engen Abständen aufgestellt werden. Sonst bleiben einzelne Wegabschnitte im Dunkeln liegen. Sockel- und Mastleuchten spenden mehr Licht, fallen dafür aber auch stärker im Garten auf. Wichtig ist, dass die Lampen nicht

Rechenbeispiel

Herr und Frau Enders müssen vier Stufen bis zu ihrer Tür hochgehen. Das ist kein Problem, sie haben sich daran gewöhnt. Langfristig möchten Sie aber eine Möglichkeit haben, ihr Haus auf anderem Wege zu betreten. Sie überlegen, den Höhenunterschied von 40 cm auszugleichen, indem sie das Gelände im Vorgarten anschrägen und im Eingangsbereich eine feste Rampe montieren.

Maßnahme	Circakosten in Euro
Rückbau und Entsorgung von 2,5 laufenden Metern Stufen, und 0,25 m³ Betonsockel, Herstellung einer Plattform aus Beton 1,40 × 1,70 m und 2,2 laufenden Metern Stufe aus Beton, Anpassungsarbeiten	920,00
Lieferung und Montage einer Rampe aus Stahl, feuerverzinkt ohne Geländer 850 × 3350 cm, inklusive vier Stützfüße und Radabweiser, inklusive Auflage aus Gitterrost	2.100,00
Herstellung eines Geländeausgleichs zum Garten für 28 cm Niveauunterschied	110,00
Nettobetrag	3.130,00
Mehrwertsteuer 19 %	594,70
Gesamtpreis	**3.724,70**

(Quelle: Senatsverwaltung für Stadtentwicklung Berlin)

Gut ausgeleuchtete Wege bieten Sicherheit.

blenden. Punktförmige Lichtquellen können Schlagschatten verursachen und zum Beispiel den Schatten eines Baumes auf den hellen Gehweg werfen. Extrem gebündeltes und nach unten gerichtetes Licht erzeugt sogar einen überholenden Schatten. Das kann beim Gehen verunsichern. Fragen Sie am besten in einem Fachgeschäft nach geeigneten Lampen. Testen Sie nach dem Aufstellen im Dunkeln, ob tatsächlich alle wichtigen Bereiche – Gartentor, Weg, Treppe, Klingel, Briefkasten und Haustür – gut ausgeleuchtet sind.

Für Ihre Besucher ist es übrigens angenehm, wenn die Klingel groß und beleuchtet ist und sich der Name auch ohne Brille lesen lässt. Für den Außenbereich empfehlen sich LED-Lampen. Sie sind nach dem Einschalten sofort hell und benötigen im Vergleich zu Halogenglühlampen nur rund ein Viertel des Stroms. Außerdem arbeiten sie bei niedrigen Außentemperaturen besonders effizient. Die Lampen können über Bewegungsmelder, Dämmerungsschalter oder Zeitschaltuhren gesteuert werden – je nachdem, was Ihnen lieber ist. In intelligenten Häusern –

sogenannten Smart Homes – lässt sich die Beleuchtung programmieren (siehe Seite 138).

Kleine Maßnahmen – große Wirkung

Fußmatte. Lässt sich die Fußmatte nicht bündig im Fußboden integrieren, sollten Sie eine flache, leicht überrollbare Schmutzfangmatte wählen. Die Matte muss auf jeden Fall rutschfest auf dem Boden liegen.

Ablagefläche schaffen. Stellen Sie neben der Eingangstür eine kleine Bank oder ein Tischchen auf. Dort können Sie Ihre Einkaufstaschen oder Gepäck abstellen, während Sie die Tür aufschließen.

Garderobe. Hängen Sie Garderobenhaken in unterschiedlicher Höhe auf. So können alle Bewohner und Gäste bequem ihre Jacke aufhängen – ob klein oder groß.

Über die Hebebühne kann man auch vom Garten aus ins Haus gelangen.

Neue Lebenssituation – so lässt sich der Hauseingang anpassen

Kann ein Bewohner wegen eines Unfalls oder einer Krankheit keine Treppen mehr steigen und fehlt der Platz für eine Rampe, sind Lifte eine Alternative. Sie laufen auf Schienen, die entweder auf den Stufen oder an der Wand installiert werden. Wichtig ist, dass nach dem Einbau noch genug Platz bleibt, um die Treppe sicher zu Fuß benutzen zu können. Treppensitzlifte oder Treppensessellifte sind die kostengünstigste Variante. Der Nutzer sitzt auf einem Sessel, der auf einer Schiene die Treppe hochfährt. Allerdings kann mit einem solchen Lift weder ein Rollator noch ein Rollstuhl befördert werden. Ist absehbar, dass sich der Gesundheitszustand des Bewohners verschlechtern wird, sollte besser in ein anderes Liftsystem investiert werden. Treppenplatt-

formlifte sind für Rollstuhlfahrer und – im Sitzen – für Menschen mit Rollatoren geeignet. Der Nutzer fährt über eine kleine Rampe auf die Plattform auf und wird per Knopfdruck auf Schienen nach oben befördert. Die Plattform klappt bei Nichtgebrauch ein. Das spart Platz. Die dritte Variante sind Hebebühnen oder Hublifte. Sie bestehen aus einer Plattform, auf die der Rollstuhlfahrer über eine ausklappbare Rampe fährt. Per Knopfdruck oder Fernbedienung wird die Plattform senkrecht nach oben befördert. Lifte sind teuer und müssen gewartet werden. Deshalb ist es sinnvoll, vor dem Einbau zu prüfen, ob zum Beispiel ein alternativer Zugang zum Haus über den Garten möglich ist.

Diese Umbauten fördert die KfW

Der Hauseingang ist ein Schwerpunkt der KfW-Förderung. In vier Förderbereichen werden Anpassungsmaßnahmen durch zinsgünstige Kredite unterstützt.

Förderbereich 1 „Wege zu Gebäuden und Wohnumfeldmaßnahmen": Wege zu Gebäuden und regelmäßig genutzten Einrichtungen müssen mindestens 1,50 m breit sein. In Ausnahmen sind 1,20 m Breite zulässig. Die Wege müssen schwellen- und stufenlos sein. Ist das nicht möglich, müssen Niveauunterschiede über technische Fördersysteme wie Lifte oder Rampen überwunden werden können. Außerdem müssen die Wege eben und rutschhemmend sein sowie feste Beläge haben. Stellplätze fördert die KfW, wenn sie in der Nähe des Gebäudezugangs geschaffen werden, schwellenlose Übergänge zu Gehwegen haben und eine feste und ebene Bodenoberfläche aufweisen. Autostellplätze müssen mindestens 3,50 m breit und 5 m tief sein.

Förderbereich 2 „Haus- und Wohnungseingangstüren": Die KfW unterstützt den Umbau, wenn die Tür eine Durchgangsbreite von mindestens 90 cm erreicht, die Bedienelemente wie Türdrücker, Griffe und Schließzylinder in einer Höhe von 85–105 cm angebracht sind und sich die Tür mit geringem Kraftaufwand bedienen lässt. Außerdem muss auf der Innenseite eine ausreichende Bewegungsfläche vorhanden sein. Ist das baustrukturell nicht möglich, können nach außen aufschlagende Türen ein-

gebaut werden, sofern auf der Außenseite eine Bewegungsfläche von mindestens 150 × 150 cm oder 140 × 170 cm vorhanden ist. Die Eingangstüren müssen stufen- und schwellenlos sein. Ist das nicht möglich, sind maximal 2 cm hohe Schwellen zulässig. Außentüren müssen einen U-Wert von maximal 1,3 W/(m² K) haben.

Förderbereich 3 „Vertikale Erschließung/Überwindung von Niveauunterschieden": Hier werden die Anpassung von Treppen sowie der Einbau von Rampen und Treppenliften unterstützt. Treppen müssen mit beidseitigen durchgängigen Handläufen ausgestattet werden, die am Anfang und Ende nicht frei in den Raum hineinragen dürfen. Treppenstufen müssen rutschhemmend sein. Rampen müssen eine nutzbare Breite von mindestens 1 m aufweisen und dürfen eine maximale Steigung von 6 Prozent haben. Lässt sich die Rampe nicht anders einbauen, sind maximal 10 Prozent Steigung erlaubt. Ab 6 Meter Länge muss ein Zwischenpodest von mindestens 150 cm Länge eingebaut werden. Die Entwässerung der Podeste muss sichergestellt sein. Die KfW schreibt an Rampen beidseitige Handläufe in 85 cm Höhe vor, auch hier dürfen die Enden nicht frei in den Raum hineinragen. An den Zu- und Abfahrten müssen Bewegungsflächen von 150 × 150 cm frei bleiben (siehe Seite 51). Zu Treppenliften gibt es keine Technischen Mindestanforderungen.

Förderbereich 6 „Sicherheit, Orientierung, Kommunikation": Die KfW fördert altersgerechte Assistenzsysteme beziehungsweise intelligente Gebäudesystemtechnik (siehe Seite 138 ff.).

Terrasse und Garten

Herr und Frau Becker stoßen im Keller ihres Bungalows immer wieder auf feuchte Stellen und Schimmel. Das ist unangenehm, weil sie den Keller als Stauraum nutzen. Sie haben in der Vergangenheit bereits einen Entfeuchter aufgestellt, was das Problem aber nur kurzfristig behob. Jetzt reicht es ihnen. Sie wollen den Keller von außen abdichten und eine Drainage legen lassen. Dafür muss das Erdreich rund um das Haus abgetragen werden. Das ist teuer. Weil auch Teile der Terrasse aufgenommen werden müssen, entscheiden sich Herr und Frau Becker, die gesamte Terrasse zu erneuern. Sie ist über die Jahre recht unansehnlich geworden. Nach einigem Überlegen ringen sie sich dazu durch, bei dieser Gelegenheit auch die Schwelle an der Terrassentür beseitigen zu lassen. Das kostet zwar noch einmal extra. Die Terrasse ist ihnen aber sehr wichtig. Sie möchten sie in jedem Fall auch in Zukunft nutzen können und nicht in die Verlegenheit geraten, noch einmal umbauen zu müssen.

Schwelle, Fußmatte und Stufe sind unnötige Stolperfallen.

Im Sommer wird die Terrasse zum zusätzlichen Wohnraum. Über sie kommt man in den Garten. Und manchmal bietet sie einen alternativen ebenerdigen Zugang zum Haus. Das sind alles Gründe, in ihren Erhalt zu investieren. Vielleicht müssen Sie das Haus freilegen und sowieso Teile der Terrasse aufnehmen. Oder Sie gestalten den Garten um und entscheiden sich dabei für eine Modernisierung. Es kann auch sein, dass die Terrasse selbst marode geworden ist. Gibt es Risse im Belag oder ist er an einzelnen Stellen durch Frost abgeplatzt. Hat sich die Terrasse an manchen Stellen gesenkt oder sind Fliesen herausgebrochen? Das können Gründe für eine Sanierung oder Neugestaltung sein. Möglicherweise merken Sie aber auch, dass Sie nach all den Jahren gerne eine ganz andere Terrasse hätten.

Wenn eine Modernisierung ansteht, sollten Sie vor allem den Übergang vom Haus zur Terrasse in den Blick nehmen. Wie gut können Sie Ihre Terrasse erreichen? Häufig besteht zwischen Wohnraum und Terrasse ein Höhenunterschied. Der Grund sind Normen zur Bauwerksabdichtung. Sie schreiben vor, dass zwischen der Oberkante des Terrassenbelags und der Türabdichtung mindestens 15 cm liegen müssen. So soll verhindert werden, dass Feuchtigkeit in die Wohnräume dringt. In der Folge sind die meisten Terrassen nur über ein bis zwei Stufen oder eine hohe Schwelle erreichbar. Das ist unkomfortabel, wenn Sie zum Beispiel mit dem Frühstückstablett jonglierend nach draußen gehen und schlecht nach unten sehen können. Oder, wenn Sie den Kinderwagen auf die Terrasse stellen möchten, damit das Baby draußen schlafen kann. Ein echtes

Babyträume ohne Geruckel.

Eine Markise sorgt für Schatten auf der Terrasse.

Hindernis werden solche Stufen und Schwellen bei Knieschmerzen oder für Rollatornutzer. Sie können die Terrasse nicht mehr oder nur unter großer Anstrengung selbstständig erreichen. Wenn Sie planen, ihre Terrasse umzugestalten, spricht also einiges dafür, diese Schwellen zu beseitigen. Das ist leider nicht ganz einfach, aber möglich. Die Vorschriften zur Bauwerksabdichtung lassen niveaugleiche Übergänge zu, wenn „jederzeit ein einwandfreier Wasserablauf im Türbereich sichergestellt ist". Dafür ist dreierlei wichtig: Sie müssen Regen und Schnee vom Haus fernhalten, für eine gute Entwässerung sorgen und die Tür abdichten.

Kritisch ist es bei starken Regenfällen, wenn das Wasser auf der Terrasse nicht schnell genug abfließen kann. Besonders heikel wird es bei eindringender Feuchtigkeit durch Schnee. Beginnt er zu tauen, drückt das Schmelzwasser gegen die Tür. Das lässt sich verhindern, indem der Schnee auf der Terrasse rechtzeitig geräumt wird. Wenn Sie keinen Schnee schippen möchten, sollten Sie über eine Überdachung der Terrasse nachdenken.

Besteht das Dach aus Glas oder Plexiglas, gelangt immer noch viel Licht in die Wohnräume. Dafür kann es im Sommer heiß werden. Je nach Lage der Terrasse ist es eventuell sinnvoller, eine teilverglaste Variante zu wählen. Oder Sie planen gleich eine Verschattung über Sonnensegel, Markisen, Rollos oder Ähnliches ein. Dann können Sie auch im Hochsommer Ihre Terrasse nutzen, ohne einen Sonnenschirm aufstellen zu müssen.

Bei manchen Häusern steht das Hausdach leicht über und bedeckt zumindest einen Teil der Terrassenfläche. Das reicht in der Regel schon aus, um die Terrassentür vor Nässe zu schützen und das Risiko für Feuchtigkeitsschäden zu minimieren.

Um den Höhenunterschied zwischen Terrasse und Haus auszugleichen, wird der vorhandene Belag entfernt und der Boden auf die benötigte Höhe aufgeschüttet. Bei dieser Gelegenheit können Sie ausloten, ob Sie die alte Form behalten oder die Terrasse grundsätzlich vergrößern und umgestalten möchten. Wichtig ist, dass die neue Terrasse insgesamt genügend Gefälle aufweist, damit Regenwasser von der Tür zum Garten abfließen kann. 1½ bis 2 Prozent Gefälle sind mit Blick auf die Barrierefreiheit ein guter Kompromiss. Weist die Terrasse deutlich mehr Gefälle auf, kann es passieren, dass ein Rollstuhl, Rollator oder Kinderwagen ins Rollen kommt.

Ist es zu aufwändig, die gesamte Terrasse zu erhöhen, können Sie stattdessen die Fläche vor der Tür anheben und über ein leichtes Gefälle mit der restlichen Terrasse verbinden. Am besten sprechen Sie mit einem Fachunternehmen oder einem Landschaftsarchitekten über die verschiedenen Möglichkeiten.

Damit die Terrasse bei Regen nicht zur Rutschbahn wird, sollten Sie einen rutschhemmenden Bodenbelag wählen. Gut geeignet sind Fliesen, Natur- und Kunststein oder Betonplatten mit einem R-Wert von 10 (siehe Seite 49). Ist der Bodenbelag außerdem pflegeleicht, ersparen Sie sich unnötige Putzarbeit.

Autorennen ohne Hürden – dank der Magnetdoppeldichtung an der Terrassentür.

Damit keine Feuchtigkeit ins Haus eindringen kann, muss Regenwasser außen direkt vor der Terrassentür schnell und ohne Rückstau abgeführt werden. Besonders effektiv sind wasserabführende Rinnen, die an eine Entwässerungsleitung angeschlossen sind. Alternativ kann eine Rinne eingebaut werden, die das Wasser seitlich von der Terrasse weg in eine sogenannte Sickerpackung – eine Sickerfläche – ableitet. Eine dritte Möglichkeit sind Rinnen, bei denen der Niederschlag über Schlitze einer Drainschicht wie Kies zugeführt wird. Welches Entwässerungssystem bei Ihrem Haus in Frage kommt, muss ein Fachmann entscheiden.

Tipp

Liegt die Terrasse bereits auf Höhe des Wohnbereichs, ist es deutlich einfacher, einen schwellenfreien Übergang zu schaffen. Dann reicht es oft aus, außen vor der Terrassentür einen Streifen freizulegen, um eine Entwässerungsrinne zu verlegen. Die Terrasse muss nicht vollständig aufgenommen werden.

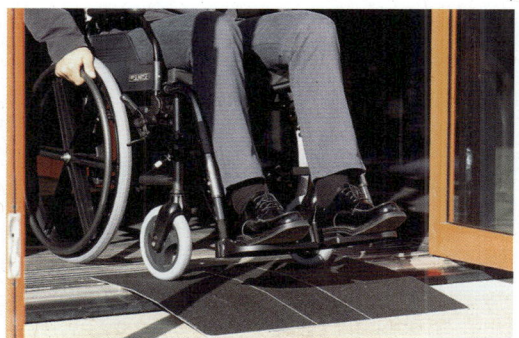

Für kleine Hindernisse –
beidseitige Türschwellenrampen.

Der dritte wichtige Punkt neben der Überdachung und der Entwässerung ist die Abdichtung der Terrassentür. Wie bei der Hauseingangstür bieten sich Türen mit Magnetdoppeldichtungen an. Eine Magnetdichtung
wird an der Unterseite des Türflügels montiert,
die zweite in einer Fußleiste, die komplett im
Boden eingelassen ist. Beim Schließen der
Tür werden die Magnete angehoben und dichten den Raum gegen Feuchtigkeit, Wind und
Schmutz ab. Beim Öffnen versinken die Magnete in der Schwelle. Auch Hebeschiebetüren
lassen sich mit solchen Magnetdoppeldichtungen ausstatten.

Kann die Schwelle an der Terrassentür gar
nicht oder nur mit unverhältnismäßig großem
Aufwand beseitigt werden, sind Alternativen
gefragt. Dann gilt: Je niedriger die Schwelle,
desto besser. Zum Beispiel kann die Höhe
dadurch reduziert werden, dass der Rahmen
in den Estrich versenkt wird, statt ihn draufzu-
setzen. In der Regel lassen sich Schwellen bis
zu einer Höhe von 2 cm ohne große Probleme
mit einem Rollator überwinden.

Wie breit ist die Terrassentür? Können Sie
die Terrasse bequem mit einem Tablett in der
Hand oder mit einem Wäschekorb unter dem
Arm betreten, oder müssen Sie sich seitlich
hindurchschlängeln? Ist das der Fall, lohnt es
sich, über einen Austausch nachzudenken. Die
Tür sollte mindestens eine lichte Durchgangsbreite von 82 cm haben, deutlich komfortabler
sind 90 cm. Damit sind Sie auf der sicheren
Seite. Praktisch sind Türen, die, wie ein Buch,
um 180 Grad geöffnet werden können. Ragt der
Türflügel dagegen in den Raum hinein, kann
man in der Hektik des Alltags aus Versehen
dagegenlaufen.

Müssen Sie oft rein- und rausgehen und Sachen hin und her tragen? Dann werden Sie es
zu schätzen wissen, wenn sich die Tür leicht
öffnen lässt. Griffe, die man mit der ganzen
Hand umfasst, sind leichter zu bedienen als
Drehknäufe. Ist der Griff auf maximal 1,10 m

Diese Tür bietet eine komfortable Durchgangsbreite.

Höhe angebracht, kann die Tür auch im Sitzen geöffnet werden. Probieren Sie an verschiedenen Türen aus, wie viel Kraft Sie zum Öffnen und Schließen brauchen. Sie werden sicherlich einen Unterschied merken.

Einbrecher wählen häufig die Terrassentür, um ins Haus zu gelangen. Im Garten gehen sie kaum ein Risiko ein, von Nachbarn gesehen zu werden. Herkömmliche Terrassentüren lassen sich innerhalb von Sekunden mit einfachen Werkzeugen aufhebeln. Stellt sich aber heraus, dass mehr Aufwand nötig ist, wird der Einbruchversuch in der Regel abgebrochen. Die Polizei empfiehlt daher den Einbau von einbruchhemmenden Terrassentüren der Widerstandsklasse RC 2 oder RC 3 (siehe Seite 42). Bei diesen Türen wird die Gesamtkonstruktion aus Rahmen, Beschlag und Verglasung einer Einbruchprüfung unterzogen. Wichtig ist, dass die Tür von einem qualifizierten Fachunternehmen eingebaut wird. Zwar bieten die Türen

auch dann keinen absoluten Schutz. Sie halten Einbrechern aber länger stand.

Eine andere Möglichkeit ist, an der Terrasse eine richtige Haustür mit Schloss einzubauen. Das bietet sich an, wenn der reguläre Hauseingang nur über mehrere Stufen erreichbar ist, über Garten und Terrasse aber ein ebenerdiger Zugang möglich wäre. Ein solcher Eingang über die Hausrückseite hat mehrere Vorteile: Grenzt die Garage an den Garten, verkürzt sich der Weg vom Auto ins Haus. Schwere Koffer können bequem vom Auto ins Haus gerollt werden, statt sie mühsam die Treppenstufen am Hauseingang hochzutragen. Und bekommt ein Bewohner Probleme damit, Stufen hochzusteigen, kann er das Haus über den Hintereingang weiterhin eigenständig betreten. An vielen Häusern ist der Vorgarten zu klein, um dort eine Rampe zu bauen. Im Garten hinter dem Haus gibt es dafür genug Platz. Ein Eingang über die Hausrückseite ist aber nur dann möglich, wenn der Garten von der Straße aus zugänglich ist.

Liegt die Terrasse höher als der Garten, kann der Unterschied über eine Rampe ausgeglichen werden. Stören nur ein oder zwei Stufen, reicht es möglicherweise aus, den Gehweg im Garten leicht ansteigen zu lassen. Vielleicht möchten Sie sowieso den Garten umgestalten, weil die Bäume zu groß, die Hecke löchrig oder der Rasen über die Jahre vermoost ist. Oder weil Sie nicht mehr hinterherkommen, die Hecken in Form zu schneiden und das Unkraut aus den Beeten zu zupfen. Das ist ein guter Zeitpunkt, das Gelände leicht anheben oder den Weg aufschütten zu lassen. Ein Richtwert: 3 Prozent Steigung lassen sich auf Wegen gut gehen. Als Belag eignen sich

Schön, aber als Lichtquelle nicht ausreichend: Lichtpunkte in Pflastersteinen.

Beton- und Natursteine mit einer griffigen Oberfläche (R-Wert von 10).

Beläge mit einem geringen Fugenanteil oder engfugig verlegte Pflaster lassen sich in der Regel gut mit einem Kinderwagen oder Rollator befahren. Auf einer wassergebundenen Decke – das sind Wege aus gebrochenem Natursteinmaterial – braucht man dafür mehr Kraft; Kopfsteinpflaster ist holprig. Ein heller Belag hebt sich optisch stärker vom Garten ab und lässt sich auch im Dunkeln gut erkennen. Oder Sie setzen Lichtpunkte in die Pflastersteine, die den Weg markieren. Sie ersetzen aber keine richtige Beleuchtung (siehe Seite 52 f.). Ist der Weg schmal und schließen statt Rasen direkt Beete an, sollten Sie eine leicht erhöhte Begrenzung setzen. Dann muss niemand unfreiwillig in der weichen Erde einsinken.

Macht Ihnen der Garten viel Arbeit? Dann gestalten sie ihn pflegeleichter – ohne, dass er dadurch seinen Reiz verliert. Überlegen Sie in Ruhe, mit welchen Arbeiten Sie gerne Zeit verbringen und was Ihnen lästig ist. Welche Tätigkeiten gehen Ihnen leicht von der Hand, welche finden Sie beschwerlich? Lassen sich solche Arbeiten an Dienstleister vergeben? Zum Beispiel kann ein Gärtner zweimal im Jahr die Hecken und Bäume schneiden. Auch gemeinnützige Einrichtungen bieten Hilfe bei der Gartenarbeit an. Möchten Sie in Zukunft viel reisen? Kann sich in dieser Zeit jemand um den Garten kümmern? Falls nicht, sollten Sie ihn nach und nach so umgestalten, dass er keine regelmäßige Pflege braucht. Hier sind einige Tipps:

■ Greifen Sie zu heimischen und robusten Arten, die zum jeweiligen Standort passen: ob sonnig oder schattig, ob humusreiche oder sandige Böden: Fragen Sie Profi-Gärtner nach geeigneten Pflanzen.

■ Kombinieren Sie Pflanzen so miteinander, wie sie in der freien Natur vorkommen. Dann stärken sie sich gegenseitig. Das macht weniger Arbeit.

Wer das Rasenmähen satthat, kann eine Wildblumenwiese säen.

- ■ Grasschnitt, Laub oder Rindenmulch hält die Erde unter Bäumen, Sträuchern und Stauden locker und feucht. Sie müssen weniger gießen und Unkraut zupfen.
- ■ Statt Blumen können blühende Sträucher Farbe in den Garten bringen.
- ■ Werden Stauden nicht einzeln, sondern in größeren Gruppen gepflanzt, bilden sie bald eine geschlossene Pflanzendecke. Unkraut wird so auf natürliche Weise unterdrückt.
- ■ Ist der Rasen vermoost oder löchrig und macht das Mähen zu viel Arbeit, wäre eine Blumenwiese interessant. Nach Aussaat muss sie nur zweimal im Jahr geschnitten werden. Fragen Sie Garten-Profis.
- ■ Sind Sie es leid, Gartenschlauch und Gießkanne durch den Garten zu tragen? Dann

können Sie stattdessen eine automatische Bewässerung einbauen lassen.

Übrigens: Wenn schon gegraben wird, bietet es sich an, auch Markierungen für einen Rasenroboter und ein paar Stromkabel im Garten verlegen zu lassen. Mit zusätzlichen Außenleuchten – einer Lampe an der Gartenbank, Strahlern an Gräsern oder Sträuchern – verleihen Sie Ihrem Garten nachts besonderen Glanz.

Kleine Maßnahmen – große Wirkung

Lässt sich die Schwelle an der Terrassentür nicht beseitigen, kann es sinnvoll sein, auf der Außenseite ein Podest anzubauen, das bündig mit der Schwelle abschließt. Vielen Menschen fällt es leichter, eine Stufe hoch- und wieder runterzusteigen als über eine Schwelle zu gehen.

Diese Umbauten fördert die KfW

Mit dem **Förderbereich 4 „Anpassung der Raumgeometrie"** unterstützt die KfW den Umbau von Terrassen. Voraussetzung ist, dass sie anschließend von der Wohnung aus schwellenlos begehbar sind oder maximal eine Schwelle von 2 cm aufweisen. Außerdem müssen sie einen rutschfesten Bodenbelag haben.

Fenster

Fenster holen Sonne, Licht und das Grün der Gartenbäume nach innen. Und sie prägen den Charakter des Hauses. Sprossenfenster, große Fensterfronten, bodentiefe Fenster oder geteilte Fenster mit Rundbögen oder Giebelelementen geben dem Haus ein besonderes Gesicht. Je nach Material halten Fenster durchschnittlich 40 Jahre – bei guter Pflege und Wartung aber auch länger. Die meisten Menschen entscheiden sich jedoch aus energetischen Gründen für einen Austausch. Denn Fenster gehören zu den Gebäudeteilen, über die besonders viel Wärme aus dem Haus verloren geht.

Je nachdem, in welchem Zustand Ihre Fenster sind, bietet sich eine Teilsanierung oder ein Komplettaustausch an.

Aufgearbeitete Kasten-Fensterrahmen erhalten den Charme des Hauses.

Beispiel

Herr und Frau Enders haben sich zwei Angebote für die Fassadendämmung erstellen lassen. Einer der Handwerker wies darauf hin, dass durch die Außendämmung die äußere Fensterleibung deutlich tiefer wird und dadurch weniger seitliches Licht einfallen kann. Die Veränderung sei nicht groß, aber bemerkbar. Frau Enders stört das. Sie möchte eher mehr als weniger Licht im Haus haben. Herr und Frau Enders beschließen, die Fenster schon jetzt austauschen zu lassen. Das kostet zwar noch einmal eine Stange Geld. Die Fassadendämmung und den Fensteraustausch können sie aber über einen KfW-Kredit finanzieren.

Bei einer Modernisierung werden zum Beispiel nur die Gläser ausgetauscht, Blend- und Flügelrahmen und die Beschläge bleiben erhalten. Schon dadurch lässt sich die energetische Qualität eines Fensters deutlich verbessern. Allerdings müssen Sie wahrscheinlich Abstriche bei der Wahl der Gläser machen: Moderne Dreifachverglasungen sind deutlich schwerer und dicker und passen oft nicht mehr in eine bestehende Glasfalz. In solchen Fällen lohnt sich eher der Einbau eines neuen Fensters.

Wenn Sie Ihre Fenster austauschen, können Sie überlegen, ob Sie die bisherigen Fensterformate und die Anordnung der Fenster beibehalten wol

Beispiel für die Teilmodernisierung:
Die Rahmen wurden aufgearbeitet und
neue Scheiben eingesetzt.

Alte Fenster kommen raus.

len oder Lust auf Veränderungen haben. Vielleicht wünschen Sie sich in einzelnen Zimmern mehr Licht. Oder Sie möchten einen freien Blick in den Garten genießen. Das lässt sich durch eine Vergrößerung der Fenster realisieren. Eine Möglichkeit ist, breitere Fenster einzubauen und dadurch mehr Licht ins Haus zu holen. Dafür muss die Fensteröffnung verbreitert und der über dem Fenster liegende Sturz eventuell verlängert oder ausgetauscht werden. Bei den in Deutschland sehr weit verbreiteten Drehflügel- und Drehkippfenstern haben Sie aber das Problem, dass die Fensterflügel in geöffnetem Zustand weit in den Raum hineinragen: Je größer das Fenster, desto mehr Platz ist notwendig. Außerdem kann es leicht passieren, dass man sich an dem Fensterflügel stößt. Falls Sie sich für ein Drehflügelfenster entscheiden, sollten Sie mit einem Fachmann besprechen,

Achtung

Wenn Sie die Fenster austauschen und planen, zu einem späteren Zeitpunkt die Hausfassade zu dämmen, sollten Sie folgende Punkte beachten:

- Lassen Sie die Fenster so weit außen im Mauerwerk montieren, dass Ihnen auch nach dem Aufbringen der Dämmplatten die Optik gefällt und noch genügend Licht ins Haus dringt.
- Wählen Sie für die Außenfensterbänke Tiefen, die über das Wärmedämmverbundsystem hinausreichen, damit Wasser gut abtropfen kann.
- Bei einer Fassadendämmung und beim Fensteraustausch müssen auch die Fensterleibungen gedämmt werden. So verhindern Sie, dass sich neben den Fenstern Tauwasser bildet, was zu Feuchtigkeitsschäden führen kann.

Tipp

Bei Doppelkastenfenstern sollte gründlich überlegt werden, ob ein Austausch notwendig ist. Diese Fenster können in der Regel gut aufgearbeitet und zum Beispiel mit Dichtungen nachgerüstet werden, um den Energieverlust zu reduzieren.

Checkliste

Wie gut der Zustand der Fenster ist und ob eine Teilsanierung in Frage kommt, lässt sich anhand folgender Fragen ermitteln.

	J	N
Wie intakt sind die Fensterrahmen? Sind Kunststoffprofile vergilbt oder Holzprofile verfault?	J	N
Haben sich die Rahmen oder Teile von ihnen stark verzogen?	J	N
Lässt sich der Flügel schwer öffnen oder schließen?	J	N
Ist die Leibung beschädigt oder hat sich Schimmel gebildet?	J	N
Haben die Scheiben Kratzer oder Sprünge? Sind Isolierglasscheiben blind geworden?	J	N
Fehlen Beschläge oder sind sie verrostet?	J	N
Handelt es sich um Fenster mit Einfachverglasung oder unbeschichteten Zweifach-Isoliergläsern?	J	N
Fehlen Dichtungen? Ist der Kitt spröde geworden?	J	N
Sind die Dichtprofile beschädigt?	J	N
Spüren Sie Zug am Fenster?	J	N
Dringt bei starkem Regen mit Wind Wasser über die Fenster ein?	J	N
Bildet sich im Winter Tauwasser an der unteren Glaskante?	J	N
Handelt es sich um Fenster mit Aluminium- oder Stahlrahmen ohne thermische Trennung?	J	N
Wird Lärm von draußen kaum gemindert?	J	N

Wenn die Fenster an mehreren Stellen Mängel aufweisen, sollten Sie einen Komplettaustausch erwägen.

ob sich die Fenster so einbauen lassen, dass der Flügel in Richtung Wand öffnet. Bei großen Fensterflügeln ist es außerdem sinnvoll, über eine Teilung nachzudenken. Sie können zum Beispiel statt eines großen Fensterflügels zwei kleinere einbauen lassen. Eine gute Lösung ist eine 1/3- zu 2/3-Aufteilung. Sie haben dann ein größeres Fenster für den freien Blick nach draußen. Und ein kleineres, das sich komfortabel öffnen lässt.

Tipp

Praktisch sind Fenster, die im unteren Teil aus einem feststehenden Glaselement bestehen und im oberen Teil aus Fensterflügeln. Sie lassen sich öffnen, ohne das jedes Mal die Fensterbank freigeräumt werden muss. Achten Sie bei der Auswahl darauf, dass sich die horizontalen Fensterprofile nicht direkt auf Augenhöhe befinden, wenn Sie sitzen. Das wäre bei einer Höhe von 120 cm ±5 cm der Fall.

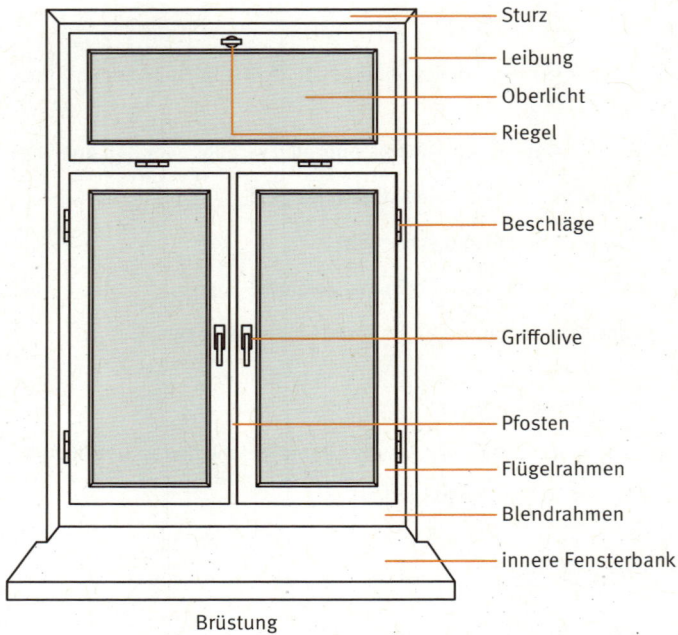

Sturz
Leibung
Oberlicht
Riegel
Beschläge
Griffolive
Pfosten
Flügelrahmen
Blendrahmen
innere Fensterbank

Brüstung

Fensteraufbau – die wichtigsten Begriffe.

Mehr Licht ins Haus bringen auch bodentiefe Fenster. Sie haben außerdem den Vorteil, dass man im Sitzen oder Liegen nach draußen schauen kann. Eine Vergrößerung der Fenster in Richtung Boden ist in der Regel unproblematisch, da in vielen Fällen nur das Mauerwerk entfernt werden muss. Befinden sich unter den bisherigen Fenstern Heizkörper in Heizkörpernischen, können Sie abwägen, ob Sie die Fensterbrüstung nur etwas tiefer setzen und auf bodentiefe Fenster verzichten. Dann können Sie im Sitzen hinausschauen, das Fenster aber trotzdem öffnen. Wird das Haus umfassender modernisiert, reichen geringer dimensionierte und damit auch flachere Heizkörper aus, die in eine verkleinerte Nische unter dem Fenster

passen. Solche Heizkörper lassen sich auch an der Wand montieren. Durch die Versetzung hätten Sie wiederum die Möglichkeit, bodentiefe Fenster einzubauen, die sich öffnen lassen.

Ein bestehendes Fenster nach oben zu vergrößern, ist dagegen meist mit sehr hohem Aufwand verbunden, da sich der Sturz nicht ohne weiteres entfernen lässt. Alternativ können Sie an Stellen mit reinem Mauerwerk Durchbrüche für neue Fenster machen und zur Decke hin einen Sturz einziehen.

Bodentiefe Fenster in Obergeschossen benötigen eine Brüstung als Absturzsicherung. Feststehende verglaste Elemente garantieren freie

*Schon fast eine Loggia –
Fenstergriff in erreichbarer Höhe.*

*Bodentiefe Fenster im Obergeschoss benötigen
eine Absturzsicherung.*

Sicht nach draußen. Viele Menschen fühlen sich aber wohler mit deutlich wahrnehmbaren Brüstungen, zum Beispiel senkrechten Metallstäben. Wie hoch die Brüstung sein muss, ist in den Bauordnungen der jeweiligen Bundesländer geregelt.

Beispiel

Herr und Frau Enders haben einen Balkon vor dem Schlafzimmer. Eigentlich nutzen sie ihn nie. Sie sind lieber auf der Terrasse. Der Energieberater hatte aufgezeigt, dass über die ungedämmte Balkonplatte viel Wärme nach draußen geleitet wird. Sie müsste im Zuge der Fassadendämmung mitgedämmt werden, um zu verhindern, dass eine Wärmebrücke entsteht (siehe Seite 47). Frau Enders ist dafür, den Balkon abzureißen und stattdessen die Fenster im Schlafzimmer zu vergrößern. Dann könnte sie vom Bett aus in den Garten blicken. Der Umbau wäre nicht sehr aufwändig, da die Balkontür in eine Fenstertür mit Brüstung umgewandelt werden könnte. Nur für das andere Fenster müsste Mauerwerk entfernt werden.

Wenn Sie Ihre Fensterflächen vergrößern und Bäume wenig Schatten spenden, sollte unbedingt auch der Sonnenschutz mitbedacht werden. Denn mit zunehmendem Glasanteil gelangt mehr Wärme in die Wohnung. Das ist im Winter angenehm, im Sommer kann sich das Zimmer aber stark aufheizen. Räume mit Fenstern in Ost- und Westrichtung sind im Sommer am stärksten der Sonnenstrahlung ausgesetzt. Wie viel Sonnenenergie in den Raum gelangen kann, hängt also von den eingebauten Fensterscheiben ab. Dieser „Gesamtenergiedurchlassgrad" wird als „g-Wert" bezeichnet. Ein g-Wert = 60 Prozent zeigt an, dass 60 Prozent der auf das Bauteil auftreffenden Sonnenenergie ins Rauminnere gelangt. Ein guter Sonnenschutz besteht bei einem g-Wert von 0,15, geringer Schutz bei einem g-Wert von 0,85. Bei sehr großen Fensterfronten nach Süden kann man darüber nachdenken, Scheiben mit niedrigem g-Wert einzubauen. Wägen Sie ab, ob sich die Extrakosten lohnen oder ob Sie die

Vor der Modernisierung: ungedämmter Rollladen-kasten, alte Fenster, alter Heizkörper.

Automatische Markise –
Sonnenschutz per Knopfdruck.

Fenster im Sommer besser über Markisen, Jalousien, Rollos oder Ähnliches verdunkeln.

Ein außenliegender Sonnenschutz ist grundsätzlich effektiver als ein inhäusiger, weil er die Sonnenstrahlung vor dem Fenster abfängt. In Frage kommen vor allem Außenjalousien, Rollläden und Markisen. Ausgestellte Markisen haben den Vorteil, dass sie Schatten spenden und gleichzeitig freie Sicht nach draußen ermöglichen. Dafür erfüllen Rollläden mehrere Funktionen: Im Sommer sind sie ein effektiver Sonnenschutz, im Winter halten sie die Wärme im Haus. Werden zusätzliche Sperren angebracht, können sie nicht ohne weiteres aufgehebelt werden, was Einbrüche erschwert.

Im Zimmer werden üblicherweise Rollos, Jalousien, Vorhänge oder Faltstores angebracht. Sie lassen sich in der Regel leicht selbst montieren, dafür sind sie weniger effektiv, weil die Sonnenenergie durch die Scheibe in den Raum gelangt. Egal, für was Sie sich entscheiden: Wichtig ist die leichte Bedienbarkeit. Modelle mit Kurbelantrieb können für motorisch eingeschränkte Menschen mühselig werden. Und jeden Tag schwere Holzrollläden hoch- und runterzuziehen, erfordert einige Kraft. Sinnvoll wäre dann, Rollläden – auch nachträglich – mit einem elektrischen Antrieb auszurüsten. Dann reicht ein Knopfdruck, um sie hoch- und runterzufahren. Oder Sie geben über eine Zeitschaltuhr an, wann die Rollos geschlossen werden sollen. Noch komfortabler ist eine intelligente Steuerung: In sogenannten Smart Homes übernimmt ein Hauscomputer die Beschattung. Er ermittelt aus den Koordinaten des Hauses für jeden Tag den Sonnenauf- und -untergang und

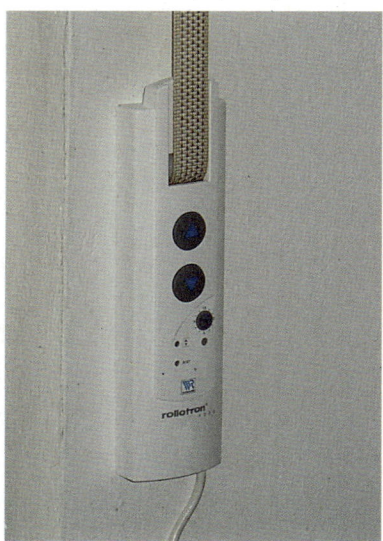

Eine automatische Rollladensteuerung lässt sich nachrüsten.

Bei der Auswahl neuer Fenster müssen Sie sich an die Werte der aktuellen Energieeinsparverordnung (EnEV) halten. Diese schreibt maximal zulässige U-Werte für neue Fenster vor. Sie sind verpflichtet, diese Vorgaben einzuhalten, wenn Sie mehr als 10 Prozent Ihrer Fenster austauschen. Planen Sie, nur 1 von 20 Fenstern zu ersetzen, haben Sie freie Wahl, bei 3 von 20 Fenstern gilt die EnEV. Das ist letztlich auch in Ihrem Interesse, weil Sie mit solchen Fenstern die Wärmeverluste deutlich reduzieren. Für Außenfenster, die im Rahmen einer Modernisierung bestehender Häuser eingebaut werden, fordert die EnEV einen U-Wert von maximal 1,3. Moderne Fenster mit Dreischeiben-Wärmedämmglas halten diese Werte ein.

Gut zu wissen

Fenster mit Dreischeiben-Wärmedämmglas bestehen aus drei Scheiben, die direkt hintereinander in den Rahmen gesetzt werden. Die Scheibenzwischenräume sind mit Edelgas gefüllt. Durch diesen Aufbau wird der Wärmeverlust durch das Fenster reduziert.

den Lauf der Sonne um das Gebäude. Ist es sehr warm und steht die Sonne tief, fahren automatische die Rollläden ein Stück nach unten (siehe Seite 142). Zusätzlich können Sie feste Zeiten vorgeben, wann die Rollos geöffnet oder geschlossen werden sollen.

Gut zu wissen

Alte Rollladenkästen sind eine energetische Schwachstelle. Sie haben häufig nur eine dünne Wand, um den Rollladen im aufgerollten Zustand aufnehmen zu können. Dort entweicht Wärme. Um das zu verhindern, müssen Rollladenkästen innen und außen gedämmt werden. Das ist nicht immer möglich oder sehr aufwändig. Sprechen Sie mit einem Fachmann, ob sich die Dämmung lohnt oder ob Sie besser in ein neues Rollladensystem investieren. Wägen Sie vorher ab, ob Sie überhaupt Rollladen benötigen.

Fenster mit sehr guter Wärmedämmung erreichen sogar U-Werte von 0,5 bis 0,7. Manche Hersteller geben nicht einen U-Wert für das gesamte Fenster, sondern zwei verschiedene Werte für den Fensterrahmen (Uf) und das Fensterglas (Ug) an. Seien Sie vorsichtig. Ein schlechter Uf-Wert kann einen guten Ug-Wert nutzlos machen und umgekehrt. Die Einzelwerte sind aber interessant, wenn Sie zum Beispiel Sprossenfenster einbauen. Sprossenfenster haben aufgrund des hohen Rahmenanteils einen schlechteren Gesamt-U-Wert als herkömmliche Dreh-Kipp-Fenster. Anhand der

U-Werte und G-Werte von Fenstern in bestehenden Gebäuden

Fenstertyp	Hauptsächlich verbaut	Durchschnittlicher U-Wert in W/(m² K)	Durchschnittlicher g-Wert in %
Fenster mit Einfachglas	Bis 1978	4,7	87
Verbund- und Kastenfenster	Bis 1978	2,4	76
Fenster mit unbeschichtetem Isolierglas	1978–1995	2,7	76
Fenster mit Zweischeiben-Wärmedämmglas	1995–2008	1,5	60
Fenster mit Dreischeiben-Wärmedämmglas	Ab 2005	1,1	50

(Quelle: VFF Verband Fenster + Fassade, Stand März 2014)

Einzelwerte können Sie erkennen, wie viel Wärme durch die Scheiben und den Rahmen entweicht.

> **Wichtig**
>
> Lassen Sie den U-Wert bereits in die Ausschreibung der neuen Fenster mit aufnehmen. Vor dem Einbau sollten Sie anhand des „Übereinstimmungszertifikates" überprüfen, ob die geforderten Fenster angeliefert wurden. Dieses Zertifikat muss den Fenstern beiliegen. Die Zertifikatsnummer, der Name des Herstellers und das Datum der Herstellung sind außerdem üblicherweise in den Zwischenraum der Gläser eingedruckt.

Moderne Fenster sind deutlich dichter als alte. Das ist angenehm, weil es am Fenster weniger zieht. Der Nachteil: Es findet weniger Luftaustausch statt. In der Folge steigt in den Wohnräumen die relative Luftfeuchtigkeit, im schlimmsten Fall bildet sich Schimmel. Um das zu verhindern, müssen Sie deutlich häufiger lüften. Ideal ist es, wenn Sie die Fenster drei- bis viermal am Tag für fünf Minuten weit öffnen, außerdem nach dem Kochen, Baden und Duschen. So kann Feuchtigkeit nach außen abziehen. Fenster auf Kipp zu stellen, reicht

dagegen nicht aus. Die relative Luftfeuchtigkeit sollte zwischen 40 und 60 Prozent liegen, in Räumen mit zwei Außenwänden bei unter 50 Prozent. Ob das der Fall ist, können Sie mit einem Hygrometer messen. (Tipps zum Lüften gibt die Verbraucherzentrale im Internet unter www.vz-nrw.de/schimmel-vermeiden---trotz-gesparter-heizkosten-1.)

Wenn Sie mehr als ein Drittel der vorhandenen Fenster austauschen, sollte ein Fachmann – zum Beispiel der Fensterbauer – ein Lüftungskonzept erstellen. Möglicherweise muss die Luftfeuchte über ein Lüftungssystem nach außen geleitet werden. Weit verbreitet sind einfache Abluftsysteme, bei denen ein zentraler Ventilator feuchte Luft aus Küche, Bad oder WC absaugt. Durch den Unterdruck entsteht ein Sog, der dafür sorgt, dass Luft aus anderen Räumen angezogen und abgeleitet wird. Damit die Luft zirkulieren kann, müssen die Innentüren in der Regel eingekürzt werden, damit ein Spalt entsteht. Der Ventilator kann bei Bedarf stufenweise eingestellt und über einen Schalter oder einen Feuchtigkeitssensor geregelt werden. Für frische Luft sorgen Öffnungen und Ventile in den Außenwänden oder Fensterrahmen der Wohn- und Schlafräume. Weil nur sehr wenig Außenluft einströmt, entsteht kein Zuggefühl. Solche Abluftsysteme verringern allerdings den Schallschutz.

Zur Nachrüstung bieten sich auch dezentrale Zu- und Abluftanlagen mit „Wärmerückgewinnung" an. Weil keine Leitungen verlegt werden müssen, können Sie nachträglich in besonders beanspruchten Räumen installiert werden. Die Lüftungsgeräte werden ins Mauerwerk gesetzt, sie benötigen deshalb mindestens einen Mauerwerksdurchbruch und einen Stromanschluss. (Mehr Informationen zu Lüftungsanlagen stehen im Internet unter www.vz-nrw.de/lueftungsanlagen.)

Der dritte wichtige Wert bei Fenstern betrifft den Schallschutz. Er wird mit dem Schalldämmmaß Rw angegeben. Herkömmliche Fenster haben einen Rw-Wert von rund 29 Dezibel, sehr gute Schallschutzfenster einen Rw-Wert von 50 Dezibel. Wie wichtig der Schallschutz ist, hängt von der Lage Ihres Hauses und Ihrer Geräuschempfindlichkeit ab. An einer Durchgangsstraße, an einer Bahntrasse oder in einer Einflugschneise kann ein Fenster mit einem Rw-Wert von 35 Dezibel bereits deutliche Entlastung bringen. Liegt Ihr Haus dagegen in einer ruhigen Wohnstraße, ist dieser Wert weniger wichtig.

Schließlich sollten Sie bei der Wahl der Fenster auf einen möglichst guten Einbruchschutz achten. Im Erdgeschoss, an Balkonen und über Anbauten rät die Polizei zu einbruchhemmenden Fenstern der Widerstandsklasse RC2 oder RC3. Solche Fenster zeichnen sich unter anderem durch verstärkte Rahmen, abschließbare

Tipp

Bei der Auswahl von Fenstern werden Sie mit einer Fülle von Kennzahlen und Funktionen konfrontiert. Lassen Sie sich von einem Fachhändler verschiedene Fenstertypen vorführen und die Vor- und Nachteile erklären. Überlegen Sie dann, welche Eigenschaften und Funktionen Ihnen wichtig sind. Je genauer Sie der Fensterfirma Ihre Wünsche schildern können, desto höher ist die Chance, passende Angebote zu bekommen. Holen Sie am besten zwei bis drei Angebote ein und vergleichen Sie die Leistungen. Damit die gewählten Fenster den Anforderungen an Wärmedämmung, Schall- und Einbruchschutz genügen, müssen sie fachgerecht eingebaut werden. Da die Montage häufig bis zu 50 Prozent der Kosten ausmacht, ist es sinnvoll, die Unternehmen vorab über die Einbausituation zu informieren oder einen Termin für eine Besichtigung zu vereinbaren.

Fenstergriffe mit Bohrschutz und einbruchhemmende Beschläge aus. Außerdem werden sie besonders fest am Baukörper – also der Wand – befestigt. Stellt sich heraus, dass Fenster und Türen schwierig zu öffnen sind, werden Einbruchversuche meist nach kurzer Zeit abgebrochen (siehe Seite 42). Alternativ können Sie an kritischen Stellen – etwa über einem Anbau – statt eines Fensters ein feststehendes Glaselement einbauen. Testen Sie aber vorher, ob Sie das Glaselement gut reinigen können und der Raum ausreichend gelüftet werden kann.

Moderne Fenster werden in der Regel als Komplettsysteme angeboten. Sie bestehen aus dem im Mauerwerk verankerten Blendrahmen und dem beweglichen Flügelrahmen mit den Fenstergläsern. Sie müssen sich daher nicht

Auch innen bieten neue Fenster Altbau-Charme.

Bei neuen Fenstern lohnt ein Blick auf die Bedienkraft.

Gut zu wissen

Ein Fensteraustausch ist eine kostspielige Modernisierung. Der Verband Fenster + Fassade hat in einer Studie für das Jahr 2013 durchschnittliche Marktpreise von Standardfenstern, Größe 130 × 130 cm, mit Dreischeiben-Wärmedämmglas (U-Wert 0,95) erhoben. Im Preis sind Montage und Mehrwertsteuer enthalten, Ausbau und Entsorgung der alten Fenster jedoch nicht.

- Kunststofffenster: 465 Euro
- Holzfenster: 608 Euro
- Holz-Aluminium: 759 Euro
- Aluminiumfenster: 926 Euro.

Diese Preise sind nur eine grobe Orientierung. Wie teuer der Austausch wird, hängt immer vom Einzelfall ab. Ab wann sich die Sanierung finanziell lohnt, weil weniger Energie verbraucht wird, ist schwer zu sagen. Das hängt von den baulichen Gegebenheiten und dem Verhalten der Bewohner ab.

nur Gedanken über die Gläser, sondern auch über den Rahmen machen. Üblich sind Holz-, Metall- und Kunststoffrahmen.

Die Auswahl ist Geschmacksache. Holz besitzt gute Dämmeigenschaften, sieht schön aus und ist langlebig, muss dafür aber gepflegt werden. Aluminium ist sehr stabil und wartungsarm, erreicht aber nur mäßige Wärmedämmwerte. Aluminium-Holz-Verbundrahmen versuchen, die Vorteile beider Werkstoffe zu verbinden. Die Holzprofile werden durch einen Aluminiummantel vor Witterungseinflüssen geschützt. Das reduziert den Wartungsaufwand, dafür geht die Holzoptik verloren. Um bessere Dämmwerte zu erreichen, befindet sich hinter dem Alu-Profil ein Dämmstoff. Kunststoffrahmen sind pflegeleicht und weisen gute Wärmedämmwerte auf. Sie sind langlebig, können aber mit der Zeit ausbleichen. Am

Beschläge mit integrierter Zwangssteuerung: Der Mechanismus macht Öffnen und Kippen leicht.

besten schauen Sie sich bei einem Händler Fenster aus den verschiedenen Werkstoffen an. Dort sollten Sie unbedingt auch Hand anlegen. Denn neben den technischen Anforderungen spielen eine gute Mechanik und die leichte Bedienbarkeit eine wichtige Rolle. Das merken Sie schnell, wenn Sie versuchen, ihre Fenster im Sitzen zu öffnen und zu schließen. Oft liegen die Griffe in unerreichbarer Höhe, und während das Öffnen in der Regel keine Probleme bereitet, braucht es zum Schließen einigen Druck. Das macht die Bedienung vor allem dann schwierig, wenn man wenig Kraft in den Armen hat oder auf einen Rollstuhl angewiesen ist.

Bei neuen Fenstern sollten Sie den Griff von vornherein im unteren Drittel montieren lassen. In der Regel kostet das nichts extra, sie sorgen aber für den Fall der Fälle vor. Bis zu einer Höhe von 120–140 cm lassen sich Griffe gut im Sitzen bedienen. Liegen sie mindestens 50 cm von der Raumecke entfernt, fällt das Öffnen und Schließen leichter. Griffe mit einem langen Hebelarm lassen sich einfacher bedienen als Drehgriffe. Heben sie sich optisch vom Fensterrahmen ab, sind sie auch bei schlechtem Licht gut zu erkennen.

Wie leicht oder schwer sich ein Fenster öffnen und schließen lässt, wird über die sogenannten Bedienkräfte angegeben. Die DIN 18040-2 erlaubt eine maximale Bedienkraft von 30 Newton (N), das entspricht bei Fenstern der Klasse 2. Bei herkömmlichen Fenstern der Klasse 1 beträgt die Bedienkraft 100 N. Probieren Sie den Unterschied bei einem Fachhändler aus. Wahrscheinlich müssen Sie explizit nach diesen Klassifizierungen fragen, weil solche Werte häufig nicht ausgewiesen sind.

Normale Drehflügelfenster lassen sich in der Regel gut öffnen. Menschen mit wenig Kraft in den Armen haben eher Probleme mit Dreh-Kipp-Beschlägen, weil beim Wechsel der Öffnungsart Druck aufgebaut werden muss. Eine Lösung sind Beschläge mit integrierter Zwangssteuerung. Hier reicht die Griffbewegung aus, den Fensterflügel in die Kippstellung und wieder zurück zu bewegen.

Alternativ können Sie bei viel benutzten Fenstern über eine Automatisierung nachdenken. Bei solchen Fenstern ist ein Motor in den Rahmen integriert, der es ermöglicht, das Fenster per Knopfdruck über eine Fernbedienung zu öffnen. Solche Antriebe lassen sich nachrüsten, wenn Strom vorhanden ist. Deshalb ist es sinnvoll, beim Austausch der Fenster einen Stromanschluss legen zu lassen.

Wenn Sie zu Hause mehr Technik haben möchten, können Sie die Fenster zusätzlich mit intelligenten Griffen oder Kontakten ausstatten. Sie melden, wenn das Fenster offen steht. Haben Sie elektronische Heizkörperventile, schalten sich diese dann automatisch ab,

damit nicht zum Fenster hinaus geheizt wird. Eine „Fenster-auf"-Meldung ist außerdem hilfreich, wenn man das Haus verlassen will. Sind die Fenster mit einem zentralen Hauscomputer vernetzt, sehen Sie auf einen Blick, wo noch ein Fenster offen steht (siehe Seite 139).

Diese Umbauten fördert die KfW

Die KfW fördert den Austausch und die Ertüchtigung – gemeint ist eine teilweise Erneuerung – von Fenstern und Fenstertüren über das Programm **„Energieeffizient Sanieren"**. Auch für den erstmaligen Einbau von Fenstern und Fenstertüren, einschließlich außen liegender Sonnenschutzeinrichtungen, kann ein zinsgünstiges Darlehen oder ein Investitionszuschuss in Anspruch genommen werden (siehe Seite 160).

Ein ideales Beispiel für einen traumhaften Balkon.

*Ausblühungen am Balkon weisen auf Feuchtigkeits-
schäden hin.*

Balkon

Beispiel

Herr und Frau Zeidler lassen bei ihrem Haus die
Fassade dämmen, neue Fenster und eine neue
Heizung einbauen. Auf diese Weise möchten sie
ihren eigenen Energieverbrauch senken. Außerdem glauben sie, dass sich eine Wohnung mit
niedrigen Heizkosten besser vermieten lässt.
Sorge bereitet ihnen der Balkon. Wegen des Gar-
tens haben sie ihn so gut wie nie genutzt. Über
die Jahre ist er unansehnlich geworden: Die Bodenfliesen haben Risse bekommen, an einigen
Stellen finden sich weiße Ausblühungen. Herr
und Frau Zeidler wollen ihn renovieren lassen.

Ein schöner Balkon wertet eine Wohnung deutlich auf. Doch viele ältere Balkone sind stark
sanierungsbedürftig. Der Grund: Durch die
exponierte Lage sind sie in besonderem Maße
den Witterungseinflüssen ausgesetzt. Starke
Temperaturunterschiede führen zu Rissen im
Belag, durch die Feuchtigkeit in die Tragplatte

eindringen kann. Erste Warnzeichen sind
Kalkrückstände an den Platten, sogenannte
Ausblühungen. Mit der Zeit beginnt der Beton
zu bröckeln. Durch fortdauernde Feuchtigkeit
kann die Metallverstärkung in der Tragplatte
anfangen zu rosten. Das gefährdet die Statik.
Solche Balkone müssen dringend modernisiert
werden. Ältere Balkone sind auch aus energetischen Gründen problematisch. Häufig sind
die Balkonplatten thermisch nicht von den
Geschossdecken getrennt. Im Zuge einer energetischen Sanierung kann eine Wärmebrücke
entstehen (siehe Seite 47).

Falls Sie erwägen, Ihren Balkon grundlegend
zu sanieren, sollten Sie unbedingt einen Architekten, einen Statiker oder einen Bauingenieur hinzuziehen, der den Zustand bewertet.
In vielen Fällen ist es sinnvoller, den alten
Balkon abzureißen und gegen einen neuen
auszutauschen.

Neue Balkone werden entweder in der Geschossdecke verankert, mittels Träger an der Fassade befestigt oder als selbsttragende Konstruktion vorgestellt.

■ Eine nachträgliche Verankerung in der Geschossdecke ist relativ aufwändig und setzt eine sehr stabile Decke, etwa eine massive Betondecke, voraus. Beim Anbau muss darauf geachtet werden, dass die Balkonplatte und alle weiteren Bauteile thermisch vom übrigen Baukörper getrennt sind. Sonst besteht die Gefahr, dass neue Wärmebrücken entstehen.
■ Alternativ können Träger an der Hauswand befestigt werden, die das Gewicht des Balkons aufnehmen. Die Träger müssen dafür eine bestimmte Mindesthöhe aufweisen.
■ Bei vorgestellten Balkonen tragen Stützen das Hauptgewicht. Die Balkone sind nur an wenigen Punkten mit der Fassade verankert. Dadurch lassen sie sich schnell und kostengünstig aufbauen. Der Nachteil: Sie haben die Träger im Garten stehen. Das gefällt nicht jedem. Vorgestellte Balkone bestehen häufig aus Stahl oder Aluminium, es gibt aber zum Beispiel auch Modelle aus Holz.

Soll der alte Balkon abgerissen und gegen einen neuen ausgetauscht werden, müssen Sie sich nicht an die alten Maße halten. Je nach Zuschnitt des Grundstücks und baurechtlichen Vorgaben können Sie einen breiteren Balkon anbauen oder stärker in die Tiefe gehen. Liegt der Balkon über der Terrasse, kann er gleichzeitig als Überdachung dienen. Überlegen Sie, was optisch zu Ihrem Haus passt und welche Auswirkung eine Vergrößerung hat. Wenn Sie einen tieferen Balkon anbauen, dringt möglicherweise im Erdgeschoss deutlich

Ein vorgestellter Balkon lässt sich ohne viel Aufwand anbauen.

weniger Licht ins Haus. Liegt der Balkon über Ihrer Terrasse, bekommen Sie die Gespräche Ihrer Nachbarn mit.

Achtung

Bevor Sie einen Balkon vergrößern, müssen Sie mit dem Bauamt sprechen. Es kann sein, dass baurechtliche Vorgaben eingehalten werden müssen. Unter Umständen darf nur eine bestimmte Fläche des Grundstücks überbaut werden, oder Sie müssen Grenzabstände einhalten. Auf großen Grundstücken ist das meistens aber kein Problem (siehe Seite 147).

Ein neuer Balkon sollte mindestens eine Grundfläche von 4,5 Quadratmetern haben, deutlich komfortabler sind 6 Quadratmeter. Dann ist nicht nur Platz für Tisch und Stühle, sondern auch für viele Pflanzen oder eine Gartenliege. Damit ausreichend Bewegungsfläche vorhanden ist, sollte der Balkon mindestens 1,50 cm tief sein. Falls Sie planen, die Hausfassade zu einem späteren Zeitpunkt zu däm-

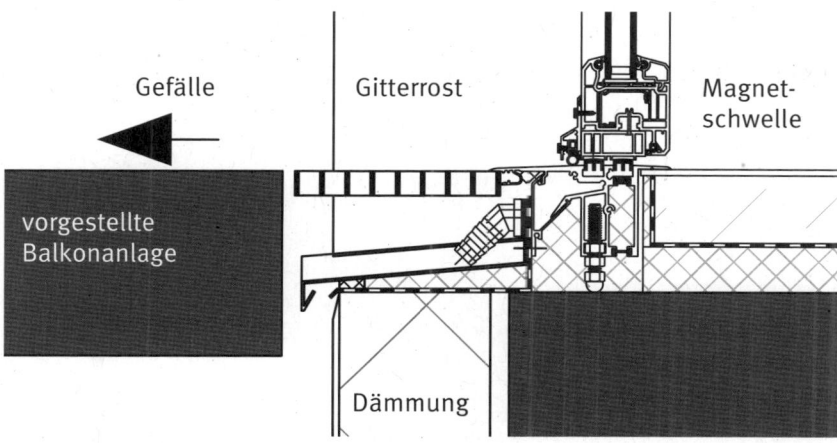

Gefälle   Gitterrost   Magnet-
schwelle

vorgestellte
Balkonanlage

Dämmung

Bei vorgestellten Balkonen sind schwellenfreie Zugänge kein Problem.

men, rechnen Sie besser noch 15–20 cm dazu. Durch die dicken Dämmplatten verringert sich nämlich die Nutzfläche.

Für die Optik des Hauses spielt neben der Größe des Balkons vor allem das Geländer eine Rolle. Holz, Metall, Kunststoff, offene Brüstungen oder geschlossene – das Angebot ist riesig. Aus Sicherheitsgründen sind in den Landesbauordnungen Mindesthöhen für die Brüstung vorgeschrieben. Manche Bundesländer fordern für Ein- und Zweifamilienhäuser eine Höhe von 80 cm, andere 90 cm. Empfehlenswert – auch weil die Menschen immer größer werden – ist eine 100 cm hohe Brüstung, denn sie vermittelt ein Gefühl von Sicherheit. Offene Brüstungen aus Glas oder Metallstäben ermöglichen einen freien Blick in die Nachbarschaft. Doch Vorsicht: An horizontalen Stäben können kleine Kinder hochklettern. Sicherer ist deshalb eine Brüstung mit senkrechten Stäben. Wenn Sie vermeiden möchten, dass Fußgänger auf den Balkon sehen können, emp-

fiehlt sich eine teiltransparente Lösung: Bis zur Höhe von 60 cm ist die Brüstung geschlossen, im oberen Teil offen. So haben Sie im Sitzen immer noch freie Sicht. Und kleine Kinder können endlich auch mal nach draußen schauen. Eine Brüstung mit einem runden oder ovalen Abschluss kann gleichzeitig als Handlauf oder als Aufhängung für Balkonkästen dienen.

Bei einem neuen Balkon ist es technisch kein Problem, den Zugang schwellenfrei zu gestalten. Nutzen Sie diese Gelegenheit, eine unnötige Stolperfalle zu beseitigen. Sie werden es spätestens dann schätzen, wenn Sie die Balkonpflanzen in die Wohnung tragen und nicht mehr fürchten müssen, an der Schwelle hängenzubleiben.

Wie beim ebenerdigen Übergang zur Terrasse muss auch beim Balkon die Entwässerung sichergestellt werden. Sonst kann bei starkem Regen oder Schnee Feuchtigkeit über die Tür in die Wohnräume gelangen. Das Risiko sinkt

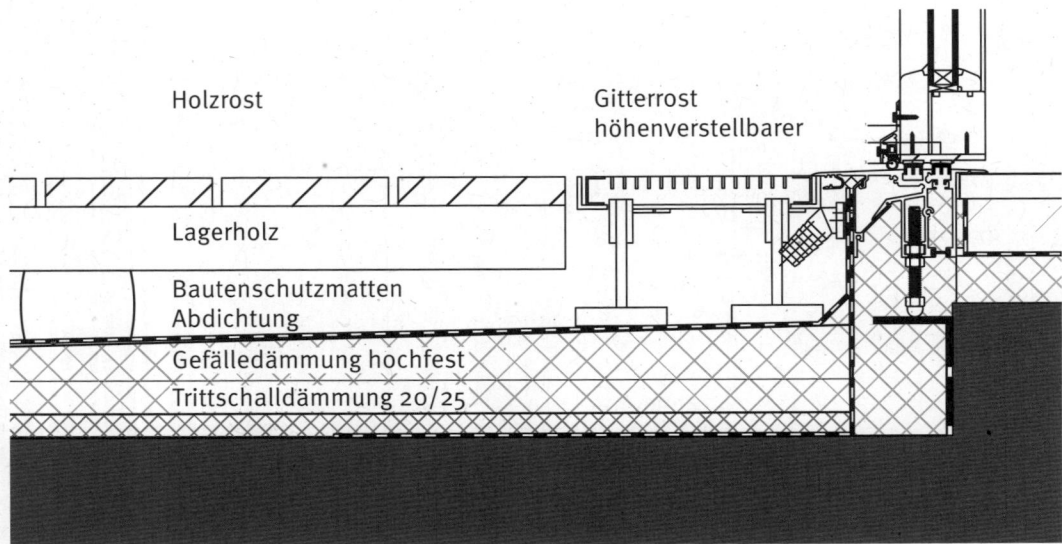

Holzrost

Gitterrost
höhenverstellbarer

Lagerholz

Bautenschutzmatten
Abdichtung

Gefälledämmung hochfest

Trittschalldämmung 20/25

Aufgeständerter Lattenrost mit neu angelegter Wärmedämmung und Abdichtung.

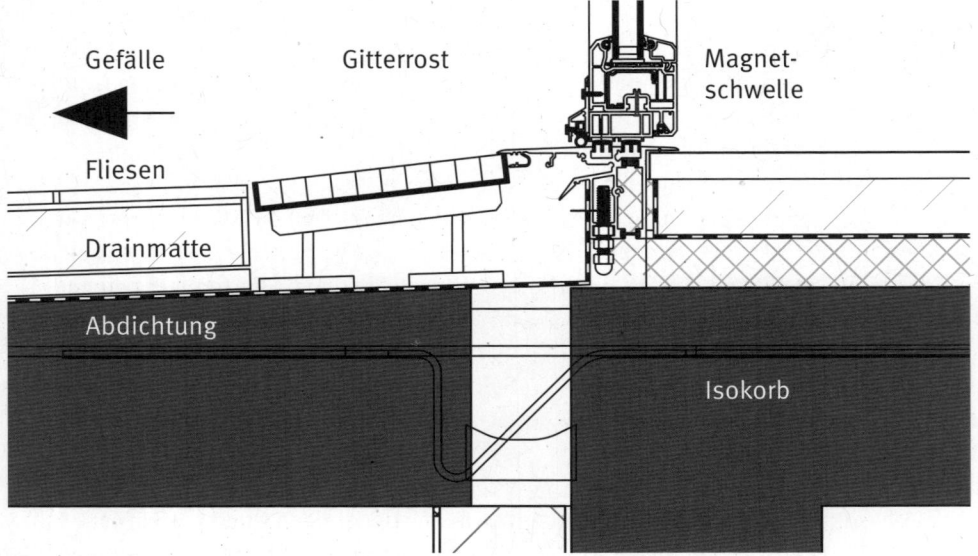

Gefälle

Gitterrost

Magnet-
schwelle

Fliesen

Drainmatte

Abdichtung

Isokorb

Bei gefliesten Balkonen ist die Entwässerung aufwändiger.

Mit einem Holzlattenrost auf dem Balkon verschwinden Schwellen.

Ein Gitter sorgt für die Entwässerung.

wenn der Balkon überdacht ist und Regen oder Schnee von der Tür ferngehalten werden. Ein Dach bietet außerdem die Möglichkeit, Balkonmöbel oder den bestückten Wäscheständer draußen stehen zu lassen.

Bei vorgestellten Balkonen ist die Entwässerung relativ einfach. Die Türöffnung kann wie ein Fenster mit dazugehörender Fensterbank gestaltet werden (siehe Skizze). Die Verbindung zwischen Haus und Balkon bildet ein Gitterrost, der über der Fensterbank liegt. Regnet es, läuft das Wasser von der Tür in das Gitter und über die Fensterbank ab. Damit sich auf einem geschlossenen Balkonbelag kein Regen sammelt, muss zwischen Tür und Brüstung ein Gefälle von mindestens 2 Prozent eingeplant werden.

An bestehenden Balkonen einen niveaugleichen Übergang zu schaffen, ist dagegen deutlich schwieriger. Denn sie weisen aufgrund einer Norm zur Bauwerksabdichtung häufig

hohe Schwellen auf. Die Norm fordert, dass zwischen der Oberkante des Belages und der Abdichtung im Türbereich mindestens 15 cm liegen. Die Anschlusshöhe kann aber verringert werden, wenn jederzeit ein einwandfreier Wasserablauf im Türbereich sichergestellt ist.

Eine gute und vergleichsweise einfache Möglichkeit zur Beseitigung der Schwelle ist die Erhöhung des Bodens mit einem Holzlattenrost. Dafür werden sogenannte Mörtelbatzen auf den Balkonboden gesetzt, auf denen die Lattung aufliegt. Auf die Lattung kommt der eigentliche Holzrost. Diese Konstruktion hat den Vorteil, dass der ursprüngliche Boden als wasserführende Schicht gilt und keine gesonderte Entwässerung angelegt werden muss. Das Regenwasser fließt durch die Spalten zwischen den Holzdielen auf den alten Balkonboden. Da der Lattenrost nur punktuell auf den Mörtelbatzen liegt, kann das Wasser problemlos in die alte Entwässerung ablaufen.

Eine Stufe ist besser als eine Schwelle.

Magnetleisten machen Balkon- oder Terrassentüren wasser- und wetterdicht ...

Beim Aufbau der Unterkonstruktion sollte darauf geachtet werden, dass die Latten nicht mehr als 60 cm auseinanderliegen. So sinkt das Risiko, dass sich die Dielen bei Hitze, Regen und Kälte stark verziehen und dadurch Stolperfallen entstehen. Schmale Dielenbretter trocknen schneller ab als breite. Das reduziert die Algenbildung. Die Dielenbretter sollten deshalb maximal 15 cm breit sein. Zwischen den Dielen muss genug Platz sein, damit das Wasser ablaufen kann. Sind die Spalten zu breit, bleibt man allerdings leicht mit dem Schuhabsatz oder Gehstock hängen.

Einen schwellenfreien, gefliesten Balkon zu errichten, ist deutlich aufwändiger. In diesem Fall gilt die Oberkante des Belages – das ist die Fliese – als wasserführende Schicht. Deshalb muss direkt an der Balkontür eine Entwässerung eingebaut werden. Eine Möglichkeit ist, hinter der Tür einen Drainrost und unter den Fliesen eine Drainagematte zu verlegen.

Das Wasser wird über den Rost aufgefangen und über die Drainagematte abgeleitet. Bei der Auswahl der Fliesen sollten Sie auf die Rutschfestigkeit achten. Sonst wird es bei Regen auf dem Balkon schnell glatt. Empfehlenswert ist ein R-Wert von mindestens 11.

Achtung

Wird der Balkonboden angehoben, muss möglicherweise auch die Brüstung erhöht werden. Die in den Landesbauordnungen geforderte Mindesthöhe wird immer ab Oberkante des fertigen Fußbodens gerechnet.

Um einen schwellenfreien Übergang zu schaffen, haben sich Balkontüren mit Magnetdoppeldichtungen bewährt (siehe Seite 46). Eine Magnetleiste sitzt im Türflügel, die andere in der Fußleiste. Beim Schließen der Tür werden beide Magnete aktiviert. Sie sorgen dafür, dass die Tür dicht schließt.

… und der Teppichboden bleibt verschont.

Durch die Aufständerung des Balkonbelags wurde die Schwelle nach draußen beseitigt. Innen kann bei Bedarf eine mobile Rampe angelegt werden.

Bevor Sie eine bestehende Balkontür nachrüsten, sollten Sie die Breite prüfen. Denn viele bestehende Balkontüren sind sehr schmal. Das ist unkomfortabel, wenn man zum Beispiel Balkonstühle nach draußen trägt. Wenn Sie den Balkon modernisieren, lohnt es sich, auch die Tür zu verbreitern: 82 cm sind Minimum, 90 cm bequem.

Achtung

Balkone locken Einbrecher an. Die Polizei empfiehlt deshalb, Balkontüren mit mindestens Widerstandsklasse RC2 oder RC 3 einzubauen. Außerdem sollte die Balkontür niemals gekippt werden, wenn man das Haus verlässt. Weitere Informationen zum Einbruchschutz gibt die Polizei im Internet (siehe Seite 42).

Lässt sich die Schwelle nicht beseitigen, sollten Sie versuchen, den Boden innen oder außen anzuheben. Denn einseitige Schwellen ähneln einer Treppenstufe, die man hinaufsteigt. Das bereitet den meisten Menschen weniger Probleme. An zweiseitigen Schwellen bleibt man dagegen deutlich leichter hängen.

Diese Umbauten fördert die KfW

Der Umbau von Balkonen fällt in den **Förderbereich 4 „Anpassung der Raumgeometrie"**. Balkone müssen von der Wohnung aus schwellenlos begehbar sein oder dürfen eine Schwelle von maximal 2 cm aufweisen, um gefördert zu werden. Wird der Balkon neu errichtet, muss er mindestens 1,50 m tief sein. Die Brüstung muss ab einer Höhe von 60 cm sichtdurchlässig gestaltet werden. Außerdem fordert die KfW einen rutschfesten Bodenbelag.

Gerade Treppen mit geschlossenen Stufen lassen sich gut gehen.

Treppenhaus – innen

Beispiel

Vor kurzem wäre Frau Kowalski fast auf der Treppe gestürzt, obwohl sie die Stufen vorher schon tausend Mal gegangen ist. Sie war oben im Schlafzimmer, ihre Enkelin rief unten aus dem Wohnzimmer, und als Frau Kowalski schnell die Treppe hinuntereilte, übersah sie die letzte Stufe. Zum Glück konnte sie sich abfangen. Trotzdem ist ihr dieses Missgeschick eine Lehre. Sie möchte die Treppe sicherer machen.

Die Treppe im eigenen Haus gehen die meisten Menschen automatisch. Ohne die Stufen zu zählen, wissen sie genau, wann die Treppe zu Ende ist. Sie kennen die Stufe mit der abgelaufenen Kante und wissen, auf welcher Höhe die Blume steht. Und trotzdem passieren die meisten Unfälle zu Hause auf Treppen. Man rutscht aus, übersieht eine Stufe oder stolpert über die abgestellten Schuhe. Meistens liegt das daran, dass man unaufmerksam oder in Eile ist.

Wie gut sich eine Treppe gehen lässt, hängt vom Material, von der Bauart, der Trittsicherheit und dem sogenannten Schrittmaß ab. Ein Schrittmaß bezeichnet die Schrittlänge eines Menschen. Sie ist wichtig, um das Steigungsverhältnis einer Treppe zu bestimmen. Weil

Zwei Handläufe bieten mehr Sicherheit – etwa wenn das Bein schmerzt.

Kein Ärmel- oder Taschenfänger – dafür fängt der Handlauf erst an der Treppe an.

Menschen unterschiedlich große Schritte machen, gibt es für das Schrittmaß keinen einheitlichen Wert. Bei einem normal großen Erwachsenen liegt das Schrittmaß zwischen 59 und 65 cm. Treppenbauer orientieren sich häufig am Mittelwert von 62 cm. Aus diesem Wert kann man die Stufenhöhe und die Stufentiefe errechnen.

Gut zu wissen

Die Schrittmaßregel lautet:

2 × Stufenhöhe (s) + Auftrittstiefe (a) = Schrittmaß.

Bei einer Stufenhöhe (s) von 18 cm und einer Auftrittstiefe (a) von 26 cm kommt man auf ein Schrittmaß von 62 cm.

Eine bequeme Treppe hätte zum Beispiel eine Stufenhöhe von 18 cm und eine Auftrittstiefe von 26 cm. Doch auch, wenn Ihre Treppe vom Ideal abweicht, können Sie einiges dafür tun, sie komfortabler und sicherer zu gestalten.

Einfach, aber wirksam ist das Anbringen eines zweiten Handlaufes. Jeder Mensch hat eine Lieblingshand. Ist an beiden Seiten der Treppe ein Handlauf oder ein Geländer angebracht, kann man sich beim Hoch- und Runtergehen mit der guten Laufhand festhalten und abstützen.

Gut zu wissen

Bei gewendelten Treppen bieten beidseitige Handläufe keine Sicherheit. Die Stufen an der Innenseite sind zu schmal zum Gehen.

Achten Sie darauf, dass der Handlauf an Podesten oder bei einer Richtungsänderung der Treppe nicht unterbrochen wird. Das wissen Sie spätestens dann zu schätzen, wenn Sie einen verstauchten Fuß oder Knieschmerzen haben und sich beim Treppensteigen auf

Bewusster Akzent: Ein Handlauf aus Holz an der hellen Steintreppe.

spiel an einer hellen Steintreppe einen bewussten Akzent.

Kosten

Ein einfacher Handlauf aus Holz kostet rund 60 Euro für den laufenden Meter.

Damit der Handlauf seine Funktion erfüllen kann, muss er stabil an einer tragenden Wand befestigt werden. In der Regel sind Treppenhauswände massiv gebaut. Doch es gibt Ausnahmen. Bei Fertighäusern in Holzständerbauweise zum Beispiel sollten die Wände auf ihre Tragkraft geprüft werden. Sind sie nicht stabil genug, lässt sich der Handlauf möglicherweise an tragenden Pfosten befestigen, oder die Wände werden vorher verstärkt. Alternativ können Sie den Handlauf direkt auf der Treppe montieren. Sprechen Sie am besten mit einem Schreiner oder Schlosser über die verschiedenen Möglichkeiten.

dieser Seite abstützen müssen. Weil die Hand beim Gehen immer ein Stück vor dem Körper ist, sollten die Handläufe schon vor dem Treppenanfang beginnen und über die letzte Stufenkante hinausreichen. Ragen die Enden frei in den Raum hinein, bleibt man allerdings leicht mit einer Tasche oder dem Jackenärmel an ihnen hängen. Um das zu vermeiden, sollten Anfang und Ende des Handlaufs abgebogen sein. Bewährt haben sich Handläufe in einer Höhe von 85–90 cm und einem Abstand zur Wand von 5–7 cm. Befinden sich die Halterungen an der Unterseite, bleiben Sie beim Laufen nicht mit der Hand hängen. Abgerundete Handläufe mit einem Durchmesser von 3–4,5 cm lassen sich besonders gut greifen. Probieren Sie am besten bei einem Fachhändler verschiedene Modelle aus. Holz oder Metall, rund oder oval – Sie werden schnell merken, welche Formen und Materialien Ihnen gut in der Hand liegen. Möchten Sie ein dezentes Modell oder einen Hingucker? Ein profilierter, geschwungener Handlauf aus dunklem Holz setzt zum Bei-

Vor allem im Dämmerlicht wird schnell mal eine Stufe übersehen. Oben im Flur ist das Licht schon ausgeschaltet, unten brennt es noch nicht und schon stolpert man im Halbdunkel die Treppe hinunter. Die zweite, leicht umzusetzende Sicherheitsvorkehrung ist daher ausreichendes Licht. Für das Treppenhaus eignen sich besonders Lampen mit LED, weil sie bei Einschalten sofort hell sind, wenig Strom verbrauchen und schaltfest sind. Das heißt: Sie können häufig an- und ausgeschaltet werden, ohne Schaden zu nehmen. Wichtig ist, dass die Leuchten so angebracht werden, dass sie weder beim Hinauf- noch beim Hinuntergehen blenden. In Neubauten werden gelegentlich die Treppenstufen selbst mit LED ausgestattet. Das sieht schick aus und setzt

Spots in der Wand strahlen die Stufen an.

die Treppe in Szene. Eine Nachrüstung ist möglich, je nach Treppentyp aber recht aufwändig, weil die Kabel verborgen werden müssen.

Tipp

Sie können statt der Stufen auch den Handlauf an der Wand beleuchten. Dafür werden die LED nachträglich unter dem Handlauf befestigt und strahlen die Stufen von oben leicht an.

Eine einfache Alternative ist, einige Zentimeter über der Treppe Spots in der Wand zu installieren, die die einzelnen Stufen beleuchten. Auch das hebt die Treppe optisch hervor und bringt zusätzliches Licht. Befinden sich im Erdgeschoss und im ersten Stock Schalter, lassen sich die Leuchten im Treppenhaus bequem einschalten. Noch besser sind Bewegungsmelder. Sie sorgen für Licht, wenn Sie die Arme zu voll haben, um den Schalter zu bedienen, und helfen dabei, Strom zu sparen.

Planen Sie, das Treppenhaus in größerem Umfang zu renovieren? Dann können Sie noch einiges mehr für die Trittsicherheit tun. Falls Sie den Fußboden oder den Treppenbelag erneuern, lohnt es sich, auf einen hohen Leuchtdichtekontrast zwischen beiden Belägen zu achten (siehe Seite 14). Hebt sich die Treppe optisch vom Fußboden ab, sinkt das Risiko, die erste und letzte Stufe zu übersehen.

Wenn Sie eine Holztreppe aufbereiten lassen, haben Sie die Wahl zwischen verschiedenen Versiegelungen. Wichtig ist, dass die Treppe durch die Behandlung nicht glatt wird. Deshalb eignen sich Lack oder Öl in der Regel besser als Wachs. Lack hat den Vorteil, dass er eine Art Schutzfilm auf dem Holz bildet. Die Stufenvorderkanten laufen sich weniger schnell ab. Öl dringt in das Holz ein und bietet keinen entsprechenden Abriebschutz. Dafür können abgelaufene Kanten mit einem geölten Lappen ohne viel Aufwand aufpoliert werden. Es gibt gute, nicht rutschige Bodenöle und Treppenla-

Geschlossene Stufen ohne vorstehende Kanten lassen sich gut gehen.

cke mit rutschhemmender Wirkung. Diese sind vergleichbar mit rutschhemmenden Bodenbelägen, es fehlt aber eine entsprechende Klassifizierung. Fragen Sie den Treppenbauer gezielt nach solchen Lacken und Ölen.

Um Stufen griffiger zu machen, lassen sich nachträglich Gummiprofile anbringen. Diese Leisten sind rund 10 mm breit, ähneln einer Fensterdichtung und werden in die Stufen gefräst. Eine Alternative sind Antirutschstreifen, die auf die Stufen geklebt werden. Sie eignen sich allerdings nicht für Holztreppen, da sich die feinen Körner von den Streifen lösen und die Treppe zerkratzen können.

Solche Rutschhemmer sind mit Vorsicht anzuwenden. Beim Abwärtsgehen rutscht der Fuß normalerweise ein bisschen nach vorne. Sind die Stufen plötzlich sehr griffig, bleibt der Fuß stehen und es kann passieren, dass man das Gleichgewicht verliert und nach vorne fällt. Außerdem lassen sich die Treppenstufen anschließend schlechter reinigen, da an den Gummieinfräsungen und Sandklebestreifen

leicht Dreck hängenbleibt. Dafür helfen solche Markierungen, die Stufen auch bei schlechtem Licht zu erkennen. Ob Sie nachrüsten, ist also Abwägungssache.

Manche Treppen lassen sich aufgrund ihrer Ausgestaltung und Steigung schlecht gehen. Das gilt vor allem für sehr steile, schmale und gewendelte Treppen. Und an offenen Stufen und vorstehenden Kanten bleibt man beim Hochgehen leicht hängen. Außerdem können offene Stufen zu Irritationen führen. Falls Sie Ihre Treppe nicht nur renovieren, sondern austauschen möchten, sollten Sie daher möglichst ein Modell mit geschlossenen Stufen ohne Untertritt wählen. Ein Austausch ist allerdings meistens aufwändiger, weil statische Fragen berücksichtigt werden müssen. Soll die bestehende Treppe gegen ein Modell mit gleichem Verlauf getauscht werden, sind in der Regel keine großen baulichen Veränderungen notwendig. Deutlich schwieriger wird es, wenn eine stark gewendelte Treppe oder eine sehr steile Treppe durch eine gerade verlaufende, weniger steile Variante ersetzt werden soll. Denn steile oder gewendelte Treppen werden meistens eingebaut, weil sie platzsparend sind. Für eine neue, gerade laufende Treppe müssten das Treppenhaus vergrößert und eventuell auch Räume verändert werden, was Einfluss auf die Deckenkonstruktion und die Statik des Gebäudes hat. Ein solcher Umbau lohnt sich nur, wenn das Haus kernsaniert wird.

Kleine Maßnahmen – große Wirkung

■ Halten Sie die Treppe frei – auch von Pflanzen oder Dekoartikel. Dann bleibt mehr Platz zum Gehen.

■ Oft legt man Schuhe oder andere Gegenstände auf die Treppe, damit man sie beim nächsten Gang mit nach unten oder oben nehmen kann. Schaffen Sie eine Ablagefläche neben der Treppe für solche Gegenstände.

Neue Lebenssituation – so lässt sich das Treppenhaus anpassen

Kann ein Bewohner wegen einer Krankheit oder eines Unfalls die Treppe gar nicht mehr gehen, müssen andere Lösungen her. In solchen Fällen werden häufig Treppensitzlifte eingebaut. Der Nutzer sitzt auf einem Sessel, der auf einer an der Wand oder auf den Stufen montierten Schiene die Treppe hochfährt. Solche Treppensitzlifte werden stark beworben und als vermeintlich einfache Lösung dargestellt. Tatsächlich gibt es beim Einbau aber einiges zu beachten. Zum einen muss die Wand ausreichend stabil sein, um den Lift zu tragen. Unter Umständen muss sie vor dem Einbau verstärkt werden. Zum anderen ist es wichtig, dass die Treppe nach der Installation des Liftes von den anderen Bewohnern weiterhin sicher genutzt werden kann. Deshalb muss ein breiter Laufbereich frei bleiben. Bei gewendelten Treppen muss der Lift an der schmalen Innenseite angebracht werden, damit man auf den äußeren, breiteren Stufen laufen kann. Damit der Lift in geparktem Zustand nicht den Flur verstellt, ist es unter Umständen notwendig, ein Modell zu wählen, das sich einklappen lässt. Wichtig ist, dass am Anfang und Ende der Treppe genug Bewegungsfläche vorhanden ist. Nur so können Sie mit einer Gehhilfe rangieren und sicher ein- und aussteigen. Fehlt der Platz, können Sie den Lift nicht nutzen. In schmalen Reihenhäu-

Platz ist wichtig: Der Treppenlift darf andere Bewohner nicht behindern.

sern besteht häufig das Problem, dass die Liftschiene in den Flur hineinragt und die Tür verstellt. Manche Hersteller bieten für solche Fälle Liftschienen an, die sich einklappen lassen.

Treppensitzlifte sind unter allen Liften die günstigste Variante. Allerdings können sie weder mit einem Rollator noch mit einem Rollstuhl genutzt werden. Verschlechtert sich der Gesundheitszustand der Bewohner so stark, dass sie nicht mehr sicher auf dem Sitz die Treppe hochfahren können, muss ein Treppenplattformlift eingebaut werden. Solche Lifte bestehen aus einer Plattform, die auf Schienen die Treppe hochfährt. Sie können auch von Rollstuhlfahrern genutzt werden. Häufig scheitert der Einbau aber am Platz, weil die meisten Treppenhäuser in Ein- und Zweifamilienhäusern für solche Lifte zu eng sind. Die dritte Variante sind Hublifte, die senkrecht nach oben fahren. Auch sie brauchen viel Platz.

Treppenlifte sind teuer. Bevor die Entscheidung für ein Modell fällt, ist es wichtig, sich unabhängig beraten zu lassen und verschiedene Angebote einzuholen. Die Pflegeversicherung beteiligt sich im Rahmen der Maßnahmen zur Wohnumfeldverbesserung an den Kosten für den Einbau (siehe Seite 164 f.)

Kosten

Ein Treppensitzlift mit einer 90-Grad-Kurve kostet rund 9.500 Euro inklusive Montage, mit einer 180-Grad-Kurve fallen rund 11.000 Euro an. Ein Treppenplattformlift mit einer 90-Grad-Kurve liegt bei 16.500 Euro, muss eine 180-Grad-Kurve überwunden werden, steigt der Preis auf rund 17.000 Euro.

Neben Treppenliften gibt es auch Treppensteighilfen und Treppenraupen. Sie setzen keine baulichen Veränderungen voraus, dafür muss eine Hilfsperson zur Stelle sein, die sich zutraut, die Treppensteighilfe die Treppe hochzuziehen oder runterzuschieben. Treppensteighilfen werden zum Teil als Hilfsmittel von der Krankenkasse bezahlt. Falls Sie ein Modell interessiert, sollten Sie sich den Einsatz in Ihrem Haus vorführen lassen und testen, ob Sie sich bei der Bedienung sicher fühlen.

Eine Alternative zu Treppenlift und Steighilfe ist der Einbau eines Aufzugs oder der Umbau des Erdgeschosses. Viele freistehende Einfamilienhäuser, aber auch Doppelhaushälften oder quer orientierte Reihenhäuser bieten genug Platz, das Gäste-WC im Erdgeschoss in ein Bad umzuwandeln und ein Schlafzimmer einzurichten (siehe Seite 130 f.). Kommt ein Bewohner nicht mehr die Treppe hoch, kann er ins Erdgeschoss ziehen. Solche Umbauten müssen allerdings gut geplant werden und brauchen Zeit. Deshalb ist es sinnvoll, im Rahmen einer generellen Modernisierung darüber nachzudenken, wie sich Räume umfunktionieren lassen. Vielleicht haben Sie im Erdgeschoss ein Arbeitszimmer, das ohne viel Aufwand in ein Schlafzimmer umgewandelt werden könnte. Und möglicherweise können Sie auf die Garderobe neben dem Gäste-WC verzichten und diesen Platz für ein Bad nutzen (siehe Seite 123). Sie werden sich darüber freuen, wenn Sie im Sommer im Garten arbeiten und schnell unter der Dusche abkühlen möchten. Oder wenn sich Ihr Hund in einer Matschpfütze gesuhlt hat und abgeduscht werden muss.

Diese Umbauten fördert die KfW

Im **Förderbereich 3 „Vertikale Erschließung/ Überwindung von Höhenunterschieden"** unterstützt die KfW den Einbau von Aufzügen und Treppenliften. Außerdem fördert die KfW die Nachrüstung von Treppen mit rutschhemmenden Treppenstufen und den Einbau von beidseitigen Handläufen, wenn diese ohne Unterbrechung über alle Geschosse führen und die Enden nicht frei in den Raum hineinragen.

Bad

Beispiel

Bunte Kinderhaken an der Wand, Blümchen-
aufkleber am Spiegel, überquellende Regale,
ein klobiges Doppelwaschbecken und die Dusche in der Badewanne integriert: Frau Foster
kann das vollgestopfte Familienbad nicht mehr
länger sehen. Obwohl es mit 7 Quadratmetern
nicht klein ist, hat sie das Gefühl, kaum Luft zum
Atmen zu haben. Ihr ist alles zu eng. Sie möchte
Platz beim Duschen haben, Platz zum Anziehen
und Frisieren. Frau Foster wünscht sich ein mo-
dernes Bad mit reduzierten Formen – schlichte
Eleganz. Sie überlegt mit ihrem Mann, wie sie
Optik und Funktionalität am besten vereint.

*Vorher: veraltete Badausstattung mit unzureichender
Bewegungsfläche.*

Bad-Komfort hat Hochkonjunktur: bei Familien
mit kleinen Kindern, die sich gemeinsam im
Bad tummeln. Bei Menschen, die viel arbeiten
und abends beim Baden ausspannen wollen.
Und bei Älteren, die es genießen, sich am
Waschbecken oder in der Dusche auch mal
hinsetzen zu können. Sie alle profitieren von
einem barrierefreien Bad. In vielen Privathäu-
sern sieht die Realität jedoch anders aus: Die
Bäder sind eng, man muss in die Dusche oder
die Badewanne hineinklettern und hat wenig
Platz zum Bewegen. Kein Wunder, dass der
Badumbau bei vielen Menschen ganz vorne
auf der Wunschliste steht. Bevor Sie sich verschiedene Fliesen oder Waschtische ansehen,
lohnt es sich, in Ruhe über die Anordnung der
Sanitärobjekte nachzudenken. Denn wer sein
Bad clever modernisiert, muss es nicht noch
einmal umbauen, wenn sich die Lebensum-
stände verändern.

Platz im Bad zu haben, setzt nicht viel Fläche
voraus. Durch gute Planung lässt sich schon
in Minibädern mit einer Grundfläche von
3,4 Quadratmetern viel Bewegungsfläche
schaffen. 5,70 Quadratmeter reichen sogar
für ein rollstuhlgerechtes Bad aus. Natürlich
ist mehr Platz komfortabler. Wenn neben dem
Bad ein wenig genutzter Raum liegt, können
Sie überlegen, eine Wand zu versetzen und so
mehr Fläche zu schaffen (siehe Seite 123). Das
ist zwar mit einem größeren Umbau und mehr
Kosten verbunden. Dafür müssen Sie bei der
Gestaltung weniger Kompromisse eingehen.
Für einen solchen Umbau sollten Sie einen
Architekten hinzuziehen.

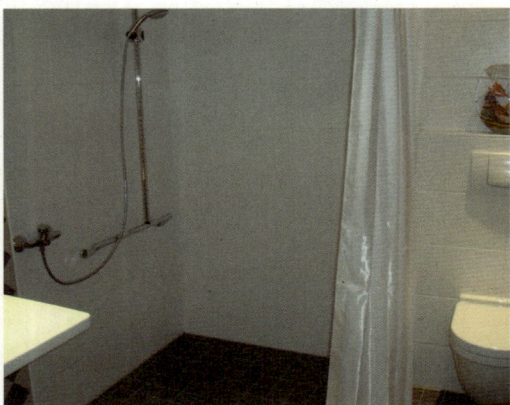 

Nachher: Aus alt mach neu – als barrierefreie Dusche oder bei sehr kleinen Bädern als Durchgangsdusche.

Tipp

Was sich auch aus kleinen Bädern machen lässt, zeigt der Verein Barrierefrei Leben anhand von mehr als 100 Beispielbädern. Auf der Internetseite www.online-wohn-beratung.de, Stichwort „Badumbau" können Sie sich Mustergrundrisse ansehen. Sie haben die Wahl zwischen verschiedenen Raumformen und Größen und können angeben, ob das Bad vorausschauend umgebaut werden soll oder weil körperliche Einschränkungen vorliegen. Mit Hilfe eines Online-3-D-Badplaners lässt sich ausprobieren, wie ein neues Bad aussehen könnte. Dafür wählen Sie Sanitärobjekte und Möbel aus und platzieren sie per Mausklick im Bad.

Das wichtigste Kriterium bei der Badplanung sind die Bewegungsflächen. Vor dem Waschbecken, an der Toilette und vor der Dusche benötigen Sie Platz. Eine 120 × 120 cm große Freifläche ist das Minimum, besser sind 150 × 150 cm. Dann lässt sich das Bad sogar mit einem Rollstuhl nutzen. Der Trick: Waschbecken, Toilette und Dusche werden so angeordnet, dass sich die notwendigen Bewegungsräume überschneiden. Hier zeigt sich ein Vorteil der bodengleichen Dusche: Kann man die Duschabtrennung zur Wand klappen, lässt sich der Duschraum als Bewegungsfläche nutzen, der Platzbedarf sinkt.

Wichtig ist auch die Zahl 90 cm. So viel Platz sollte auf einer Seite neben der Toilette eingeplant werden. Diese Fläche muss nicht frei bleiben. Sie können dort eine Waschmaschine oder einen Schrank aufstellen. Falls aber ein Bewohner irgendwann auf einen Rollstuhl angewiesen sein sollte, hat er die Möglichkeit, die Toilette seitlich anzufahren und sich eigenständig umzusetzen. Dafür müssen Sie nur die Gegenstände wegräumen, aber nicht noch einmal die Toilette versetzen. Auf der anderen Seite neben der Toilette sollten mindestens 20 cm frei bleiben.

In großen Bädern ist Platz für Dusche und Badewanne. In kleineren müssen Sie sich in der Regel für eine Variante entscheiden. Wie die

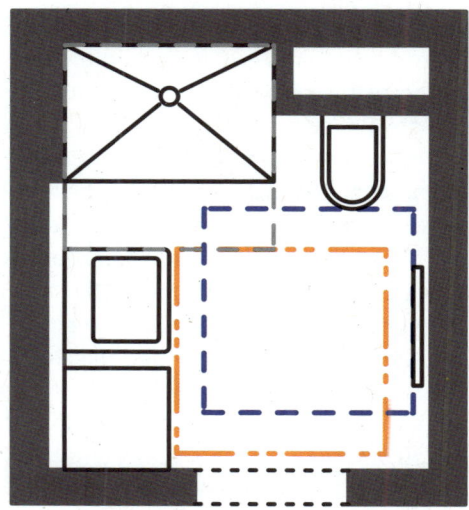

120 × 120 cm
Bewegungsfläche:

vor dem WC-Becken

vor dem Waschtisch / WM

in der Dusche

4,9 m² Grundfläche

Dieses Bad bietet eine Bewegungsfläche von 120 × 120 cm.

Wahl ausfällt, hängt von den persönlichen Vorlieben ab. Ihre Entscheidung muss nicht endgültig sein. Wenn Sie den Boden richtig vorbereiten und die Installationen gut planen, können Sie die Dusche später problemlos gegen eine Badewanne austauschen oder andersherum. Idealerweise liegt die Dusche in einer Zimmerecke mit einer tragenden Wand. Dann können Sie jederzeit Griffe oder einen Duschsitz anbringen. Werden die Armaturen mit einem Abstand von 60–80 cm von der Wandecke entfernt in einer Höhe von 85–90 cm eingebaut, lassen sie sich sowohl für die Dusche als auch für eine Badewanne nutzen. Der Ablauf sollte so positioniert werden, dass er auch für die Badewanne passt. So haben Sie volle Flexibilität. Wollen Sie erst eine Badewanne einbauen, sich aber die Option für eine bodengleiche Dusche offenhalten? Dann sollten Sie trotzdem schon Gefälle und Ablauf der Dusche einbauen lassen. Denn dafür muss der Boden

geöffnet werden – eine Arbeit, die Sie später, wenn die neuen Fliesen erstmal liegen, wahrscheinlich scheuen. Wurde die Dusche entsprechend vorbereitet, ist ein nachträglicher Umbau kein großer Aufwand. Ein Kompromiss ist der Einbau einer Kombination aus Badewanne und Dusche. Solche Kombi-Wannen

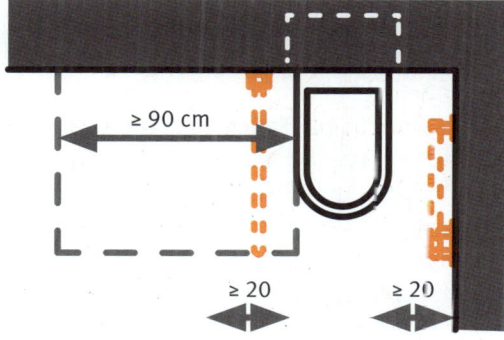

Platzbedarf neben der Toilette.

Kombibadewanne mit Einstieg. Eine Kompromisslösung für kleine Bäder, wenn ein Familienmitglied nur duschen kann, andere aber trotzdem nicht auf die Badewanne verzichten wollen.

haben einen niedrigen Einstieg zum Duschen, der sich beim Baden verschließen lässt. Das ist praktisch. Falls Sie aber eines Tages auf einen Rollator oder Rollstuhl angewiesen sind, wird es schwierig, solche Kombi-Wannen zu nutzen.

Im Rahmen der Badmodernisierung ist es sinnvoll, die Elektroinstallationen überprüfen zu lassen. Oft entsprechen sie nicht mehr den heutigen Sicherheitsanforderungen und sollten erneuert werden. Wichtig ist, dass der Stromkreis mit einem sogenannten Fehlerinduktionsschalter (FI-Schalter oder RCD) ausgestattet ist. Seit Anfang der 1980er Jahre sind diese Schutzschalter für Feuchträume in Neubauten Pflicht, eine Vorschrift zur Nachrüstung gibt es allerdings nicht. FI-Schutzschalter überwachen die Stärke der Ströme, die zu einem elektrischen Gerät und von diesem wieder zurück fließen. Tritt eine geringe

Differenz auf – etwa weil ein Kabel beschädigt ist –, wird der Stromfluss sofort unterbrochen. FI-Schutzschalter gibt es in mehreren Klassen. Für den Privathaushalt genügen Geräte mit einem Bemessungsdifferenzstrom von 30 Milliampere (30 mA). Legen Sie am besten schon bei der Neuordnung der Sanitärobjekte fest, wo Sie Stromanschlüsse und Steckdosen brauchen. Ein Strom- und Wasseranschluss an der Toilette ist die Voraussetzung für ein Dusch-WC. Mehrere Steckdosen am Waschtisch sind praktisch, um Fön, elektrische Zahnbürste und Rasierer nicht ständig umstecken zu müssen. Alle Steckdosen und Lichtschalter sollten bequem erreichbar sein. Das heißt: 80–110 cm Höhe und mindestens 50 cm Abstand zur Raumecke.

Wie stabil sind die Wände? In der Dusche, am WC, am Waschtisch und an der Badewanne müssen sie tragend sein oder entsprechend verstärkt werden. Wenn Sie diese Arbeit gleich mit in Auftrag geben, können Sie jederzeit flexibel entscheiden, wo Sie einen Haltegriff anbringen.

Preisbeispiel

Ein Vorwandelement 80 × 110 cm aufzustellen kostet rund 310 Euro, eine zusätzliche Wandverstärkung, um nachträglich einen Griff montieren zu können, rund 150 Euro.

Damit es am Waschbecken oder vor der Dusche nicht glatt wird, sollten Sie einen rutschhemmenden Bodenbelag wählen. Fliesen werden abhängig von den Glasuren in verschiedene Rutschfestigkeitsklassen (R-Wert) eingeteilt. Für Bäder empfiehlt sich ein R-Wert von 10 bis 12. Je rauer die Oberfläche wird, desto schlechter lässt sich der Boden allerdings putzen.

Schick und kontrastreich: Weiße Objekte vor farbigen Fliesen.

Interview

Sabine Nowack sitzt im Vorstand der Bundesarbeitsgemeinschaft Wohnungsanpassung. Sie
arbeitet beim Verein Stadtteilarbeit in München
und ist seit vielen Jahren in der Wohnberatung
tätig.

**Frau Nowack. warum lohnt es sich, frühzeitig über
eine Wohnungsanpassung nachzudenken?**

Nehmen Sie ein einfaches Beispiel: die Haltegriffe im Bad. Wir erleben es in der Wohnberatung immer wieder, dass Hauseigentümer ihr Bad
vor Kurzem modernisiert und den Wasserkasten für die Toilette in eine Trockenbauwand gesetzt haben, damit man ihn nicht mehr sieht. Jetzt
müssten Haltegriffe neben der Toilette installiert
werden. Das geht aber nicht, weil die Wand dort
nicht trägt.

Welche Lösungen gibt es dann?

Man kann „hässliche" Griffe per Bodenstützen anbringen. Oder man müsste die Wand herausreißen
und neu aufbauen. Da erschrecken die Bewohner
immer, weil sie wissen, wie teuer das ist.

**Wie lassen sich solche Doppelarbeiten
verhindern?**

Es ist kein Problem, den Wasserkasten in eine
Wand zu setzen. Nur sollte die Wand nicht hohl,
sondern massiv gebaut sein. Wenn der Bedarf entsteht, hat man dann die Option, ohne viel Aufwand Haltegriffe nachzurüsten. Und andere Lösungen wie die bodengleiche Dusche sind inzwischen
einfach zum Wohnkomfort geworden, den man
nicht mehr missen möchte.

Gut zu wissen

Einige Hersteller werben mit Fliesen, die durch besondere Oberflächen und Beschichtungen eine selbstreinigende Wirkung haben. Es bleibt die Frage, ob sich das lohnt. Ob man nach dem Kauf das Bad tatsächlich weniger putzt.

Eine Alternative zu Fliesen mit einem hohen R-Wert ist ein kleinteilig verlegter Boden. Mosaikfliesen mit einem hohen Fugenanteil sind grundsätzlich weniger rutschig als großflächige Beläge. Haben Sie bei der Auswahl ruhig Mut zur Farbe: Wenn Boden- und Wandfliesen einen Kontrast bilden, fällt die Orientierung im Bad leichter. Und eine weiße Badewanne auf dunklem Boden ist deutlich besser zu erkennen als wenn das ganze Bad Ton in Ton gehalten ist.

Inzwischen werden auch Holzböden für Bäder angeboten. Sie sind aber weniger praktisch als

Tipp

Wenn Sie das Haus energetisch sanieren und Ihre Heizungsanlage austauschen, können Sie überlegen, im Bad eine Fußbodenheizung einbauen zu lassen. Denn moderne Heizungen mit Brennwerttechnik, Wärmepumpen und Solarthermieanlagen sind besonders effizient, wenn sie mit Flächenheizungen wie Fußboden- oder Wandheizungen kombiniert werden: Diese Heizungsanlagen haben eine niedrige Systemtemperatur, die – über eine große Fläche – aber ausreicht, einen Raum zu heizen.

Auf dem fußwarmen Badezimmerboden können Sie getrost auf rutschige Badmatten verzichten. Und weil es keine störenden Heizkörper gibt, wird zusätzlicher Platz gewonnen. Das vereinfacht die Raumgestaltung kleiner Bäder. Allerdings ist eine Fußbodenheizung teurer als herkömmliche Systeme.

Fußbodenheizungen mit Wasser als Wärmeträger werden auf unterschiedliche Weise verlegt:

Nasseinbettung: Hier kommen die Heizrohre auf eine Dämmschicht in den Estrich. Das sorgt für einen guten Wärmeübergang und ist relativ preiswert. Dafür haben sie einen hohen Fußbodenaufbau. Und der Estrich muss rund vier Wochen austrocknen, bevor er behutsam angeheizt werden kann.

Trockenverlegung: Die Heizrohre werden in vorgefertigten Kanälen verlegt und mit einer Folie überspannt. Anschließend wird Trockenestrich aufgebracht. Die Aufbauhöhe ist gering und die Heizung kann sofort in Betrieb genommen werden. Nachteil: Sie ist teurer und hat einen schlechteren Wärmeübergang.

Klimaböden: Das sind flache Kunststoffplatten, in die das Heizrohr eingelegt wird. Solche Klimaböden haben nur eine geringe Aufbauhöhe. Doch sie kosten mehr.

Neben den Warmwasservarianten werden auch „elektrische Widerstandsheizungen" angeboten. Besser Abstand halten. Ihr Einbau ist zwar relativ günstig, die Betriebskosten sind aber enorm – besonders mit Tagstrom.

Eine Fußbodenheizung darf nicht zu heiß werden. Die mittlere Oberflächentemperatur sollte bei rund 23 Grad liegen. Stein- und Keramikböden leiten die Wärme besonders gut. Fragen Sie bei der Auswahl der Fliesen aber auf jeden Fall nach, ob sie für Fußbodenheizungen geeignet sind.

Raumspartüren lassen sich einklappen. Praktisch bei engen Räumen und Fluren.

Fliesenböden, weil nasse Stellen schnell trocken gewischt werden müssen. Spezielle Korkböden für das Bad haben den Vorteil, dass sie fußwarm sind. Auf rutschige Badematten kann eher verzichtet werden.

Viele Bäder haben eine schmale Drehflügeltür (so werden die ganz normalen Türen genannt), die nach innen aufschlägt. Wenn Sie das Bad umbauen, sollten Sie den Türdurchgang auf 80 cm verbreitern. Wählen Sie eine Tür, die nach außen aufschlägt. Das nimmt weniger Platz im Bad weg und erhöht überdies die Sicherheit. Falls jemand im Bad stürzt, blockiert er nicht die Tür, und Sie können schnell Hilfe leisten. Ist im Flur nicht genug Platz für den Türflügel, kann eine Schiebetür eingebaut werden. Eine Alternative sind Raumspartüren, die sich einklappen und so weniger tief in den Flur hineinragen.

Achten Sie bei der Auswahl der Tür auf die leichte Bedienbarkeit. Eine Schiebetür lässt sich zum Beispiel deutlich besser öffnen, wenn statt der üblichen Griffmulden ein aufgesetzter Griff montiert wird. Da man im Bad ab und zu seine Ruhe haben möchte, sollte die Tür ab-

Eine Schiebetür sorgt für mehr Platz im Bad.

schließbar sein. Aus Sicherheitsgründen ist es aber wichtig, dass die Tür im Notfall auch von außen entriegelt werden kann.

Sobald Sie sich über die grundsätzliche Gestaltung des Badezimmers klar geworden sind, können Sie die einzelnen Sanitärobjekte in den Blick nehmen.

Bei geringen Fußbodenaufbauhöhen bieten Wandeinläufe eine Alternative.

Bei einem gefliesten Duschplatz auf ausreichendes Gefälle achten.

Die Dusche

Bodengleiche Duschen entwickeln sich erfreulicherweise zum Standard. Nicht ohne Grund: Sie sehen gut aus, lassen sich einfach reinigen und es gibt keine Ecken und Kanten, an denen sich Schimmel bilden könnte. Da die Abdichtungsfugen auf ein Minimum beschränkt sind, ist der Erhaltungsaufwand niedrig. Bodengleiche Duschen sind außerdem leicht zu begehen und können in der Grundfläche beliebig groß bemessen werden. Weil die Grenze zwischen Duschplatz und Fußboden fließend ist, wirkt das Bad größer. Kein Wunder, dass Architekten bei Neubauten immer häufiger bodengleiche Duschen einplanen. Der nachträgliche Einbau ist dagegen aufwändiger, weil das Entwässerungssystem im Fußboden verlegt werden muss. Das geht nur, wenn der Boden eine bestimmte Mindesthöhe aufweist. Ist das nicht der Fall, muss die Abwasserleitung an der Decke des darunterliegenden Raums entlang geführt werden. Das ist kein Problem, wenn die Dusche im Erdgeschoss eingebaut wird und das Haus unterkellert ist. Oder wenn unter dem Bad ein Hauswirtschaftsraum liegt. Dort stört es nicht, wenn die Decke abgehängt wird. Befindet sich unter dem Bad aber ein Wohnraum, müssen andere Lösungen her. Eine Möglichkeit ist, den Fußboden im Bad insgesamt um wenige Zentimeter anzuheben, um Platz für die Entwässerung zu schaffen. Alternativ kann eine bodengleiche Dusche mit Abwasserpumpsystem installiert werden. Das Wasser wird dann in einen höher gelegenen Ablauf gepumpt. Welche Lösungen für Sie in Frage kommen, sollte ein Fachmann beurteilen.

Auch für die Gestaltung des Duschplatzes selbst gibt es unterschiedliche Varianten. Er kann von einem Fliesenleger vollständig gefliest werden. Dabei muss auf ein ausreichendes Gefälle geachtet werden, damit das Duschwasser nicht in den Raum hineinläuft. Wird der Duschplatz abgesenkt, sollten die Randfliesen leicht schräg verlegt werden, damit keine Kante als neue potenzielle Stolperfalle entsteht.

Rechenbeispiel

Herr und Frau Foster möchten ihr 7-Quadratmeter-Bad offener gestalten. Um mehr Platz zu bekommen, wollen sie die Badewanne durch eine großzügige bodengleiche Dusche ersetzen. Eine transparente Duschwand aus Glas soll den Raum luftiger wirken lassen. Sie wählen eine Thermostatarmatur und eine Duschstange mit Winkelgriff, weil sie darin bei Bedarf einen Sitz einhängen können. Die alten orange-braunen Fliesen kommen raus und werden gegen dunkelgraue Bodenfliesen zu weißen Wänden getauscht. Beim Einbau der Dusche gibt es aber ein Problem. Das Bad liegt im ersten Stock. Die Geschossdecke ist zu dünn, um den Ablauf einzubauen. Herr und Frau Foster möchten nicht, dass die Rohre an der Decke des darunterliegenden Wohnzimmers verlaufen. Sie entscheiden sich deshalb für eine Dusche mit Abwasserpumpsystem.

Maßnahme	Kosten in Euro
Miete für Schuttcontainer für gemischten Bauschutt	280,00
Demontage und Entsorgung der Badewanne, Armaturen und Rohrleitungen	260,00
Abriss und Entsorgung der Fußbodenfliesen	170,00
Verlegen der Zuflussleitungen, inkl. Material	190,00
Verlegung der Abflussleitungen, inkl. Stemmarbeiten, Material vermauern und verputzen	530,00
Fliesen des Fußbodens, inkl. Schweißbahn, Aufkantung, Gefälleestrich, Fußbodeneinlauf, grundieren, Wasserisolierung, Fliesenmaterial und fliesen	1.350,00
Fliesen der Wände, inkl. Grundieren, Wasserisolierung, Silikon, Fliesenmaterial und fliesen	1.410,00
Lieferung und Montage einer Echtglasduschwand mit Schiebetür	2.480,00
Lieferung und Montage eines Duschhandlaufs als Winkelgriff mit verschiebbarer Brausehalterstange und Handbrause	510,00
Lieferung und Montage einer Thermostatarmatur	380,00
Lieferung und Montage eines automatischen, elektronisch geregelten Abwasserpumpsystems	1.230,00
Nettobetrag	8.590,00
Mehrwertsteuer 19 %	1.632,10
Gesamtbetrag	**10.222,10**

(Quelle: Senatsverwaltung für Stadtentwicklung Berlin)

Mögliche Einbaualternativen:

Einbau Duschrinne in Gefälleestrich, gefliest (links).

Emaillierte, bodenbündig eingebaute Duschflächen (unten).

Alternativ wird von einem Sanitärinstallateur eine Bodenplatte aus Hartschaum eingebaut, in die Gefälle und Fußbodeneinlauf bereits integriert sind. Auf diese Bodenplatte kommen dann die Fliesen. Damit man beim Duschen nicht ausrutscht, sollten die Fliesen rutschhemmend sein (R10 bis 12).

Lässt sich die bodengleiche Dusche nur mit großem Aufwand einbauen, sind flache quadratische oder rechteckige Duschwannen aus Emaille oder Acryl ein guter Kompromiss. Sie werden in nahezu beliebigen Abmessungen angeboten und haben eine sehr niedrige Sockel-

höhe. Bei Bedarf kann der Zutritt zur Dusche mit Fliesen angeschrägt werden, sodass eine kleine Rampe entsteht. Achten Sie bei der Auswahl auf eine Wanne mit Antirutsch-Beschichtung.

Beim Duschen ist viel Platz angenehm, weil man sich freier bewegen kann. Der Duschplatz sollte deshalb mindestens 120 × 120 cm groß sein, besser sind 150 × 150 cm oder 130 × 180 cm. So können Sie bequem ihrem Kind beim Duschen helfen, mit Gipsbein auf einem Duschhocker duschen oder bei Bedarf einen Duschrollstuhl nutzen. Duschwände mit am Boden montierter Leiste begrenzen den Be-

Walk In-Duschen ohne Bodenschwelle bieten zusätzliche Bewegungsfläche. Wenig Kanten und minimale Fugenflächen vereinfachen die Reinigung, Schimmel bildet sich langsamer.

Eine Dusche mit eingefliester Sitzbank.

wegungsraum und sind deshalb nur zweite Wahl. Kaufen Sie besser eine Duschwand ohne „Schwallleiste", bei der die Tür direkt auf dem Boden aufsitzt. Das hat den Vorteil, dass bei geöffneter Tür keine Schwelle stört. Solche Modelle bieten mehr Platz im Bad, schützen aber weniger effektiv vor Spritzwasser. Sinnvoll sind Duschabtrennungen, die gefaltet oder vollständig nach innen oder außen an die Wand geklappt werden können – je nachdem, wo mehr Platz vorhanden ist. Auch so schaffen Sie Bewegungsraum.

Bei der Wahl der Brausestange können Sie zwei Fliegen mit einer Klappe schlagen. Es gibt Brausestangen, die gleichzeitig als Griff dienen. Das ist praktisch, wenn man schnell Halt braucht oder auf einem Bein steht, um den Fuß abzuduschen. Außerdem können Sie an der horizontalen Stange Duschutensilien

aufhängen. Damit Sie sich bequem festhalten können, sollte diese Stange in einer Höhe von 76–85 cm montiert werden. Achten Sie darauf, dass sich der Duschkopfhalter einhändig in Höhe, Neigung und Richtung verschieben lässt, damit Sie sich mit der anderen Hand festhalten können. Gut für die Umwelt sind wassersparende Modelle. Konisch geformte Halter erleichtern das Einstecken der Brause.

Mit einem Thermostatventil können Sie die gewünschte Temperatur einstellen und müssen nicht ständig korrigieren. Lässt sich die Temperatur auf 45 Grad begrenzen, kann sich niemand aus Versehen verbrühen. Damit Sie die Armatur auch im Sitzen bedienen können, sollte sie auf einer Höhe von ungefähr

Wandinstallation mit Verstärkung für Griffe: Halt in allen Lebenslagen.

85–105 cm angebracht werden. Seifenschale und Ablageflächen befinden sich am besten direkt daneben.

Ein Sitz in der Dusche ist angenehm, um Beine und Füße zu waschen. Wenn Sie viel Platz haben, können Sie beim Einbau der Dusche gleich eine Sitzbank einfliesen lassen. Praktisch sind Duschklappsitze, die fest installiert oder in eine Haltestange eingehängt und bei Nichtgebrauch hochgeklappt werden. Ein fest installierter Duschklappsitz ist in der Regel billiger. Außerdem kann er in der Höhe an den Nutzer angepasst werden. Das geht bei einem eingehängten Modell nicht. Dafür lässt es sich schneller entfernen, wenn es nicht gebraucht wird. Achten Sie darauf, dass der Sitz möglichst nicht an der gleichen Seite wie die Armaturen angebracht wird. Sonst müssen Sie

jedes Mal den Oberkörper verdrehen, um das Wasser anzustellen.

Preisbeispiel

Eine Brausehalterstange mit 110 cm Achsmaß kostet mit Montage rund 200 Euro, eine Brausehalterstange mit Winkelgriff, 60 × 110 cm, rund 260 Euro. Achtung: Wird der Winkelgriff auf 76 cm Stützhöhe montiert, kann sich eine große Person nicht unter die Brause stellen. Für eine Thermostatarmatur mit Handbrause und Brauseschlauch müssen rund 390 Euro kalkuliert werden. Ein fest installierter Duschklappsitz kostet rund 420 Euro, ein Einhängesitz rund 530 Euro.

Sitz und Haltegriffe müssen an tragenden Wänden befestigt werden, sonst bieten sie keine ausreichende Sicherheit. Wurden die Wände schon beim Einbau der Dusche verstärkt,

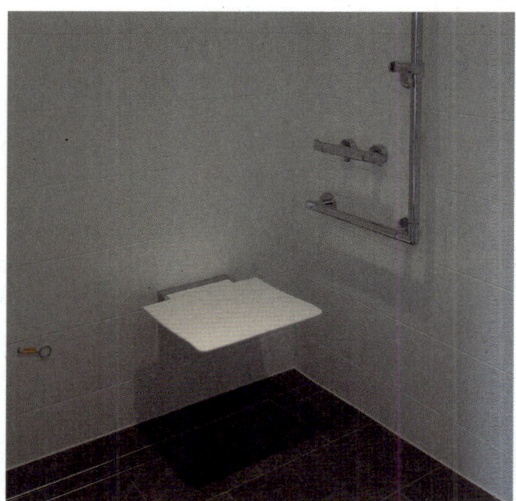

Klappsitz und Armatur an verschiedenen Wänden: Das erleichtert die Bedienung.

haben Sie alles richtig gemacht. Dann können Sie jederzeit nachrüsten.

Die Badewanne

Rund, eckig, freistehend oder eingefliest: Bei der Badewanne haben Sie die Qual der Wahl. Wofür Sie sich entscheiden, hängt maßgeblich davon ab, wie viel Platz zur Verfügung steht. Eine frei im Raum stehende Badewanne ist zwar schick, aber nur für sehr große Bäder geeignet. Denken Sie an die Freiflächen. Schränkt die Badewanne die Bewegungsräume ein, muss sie unter Umständen später wieder ausgebaut werden. Das wäre ärgerlich. Ist der Platz begrenzt, entscheiden Sie sich daher besser für eine eingebaute Variante. Ein paar grundsätzliche Überlegungen helfen bei der Auswahl. Modelle mit einem breiten Rand sind praktisch, weil man sich von außen auf den Rand setzen und die Beine in die Badewanne heben kann. Steigt man im Stehen in die Wanne, muss man die Beine allerdings deutlich weiter spreizen. Das führt zu einem unsicheren Stand, außerdem rutscht man leichter aus. Das ist ein Nachteil. Verfügt die Badewanne über einen Untertritt oder ist die Verkleidung angeschrägt, fällt das Einsteigen leichter. Eine Badewanne auf Löwenfüßen lässt sich unterfahren. Das hilft, wenn man einen mobilen Lifter benutzt. Dafür muss man auch unter der Wanne putzen. Komfortabel sind Badewannen mit einer Einstiegstür. Bei einem solchen Modell müssen Sie allerdings in die Wanne steigen, bevor das Wasser eingelaufen ist. Schauen Sie sich am besten bei einem Händler verschiedene Badewannen an und probieren Sie aus, wie gut Sie ein- und aussteigen können. Achten Sie darauf, dass die Wanne mit einer Anti-Rutsch-Beschichtung versehen ist. Dann können Sie auf Gummimatten und andere Notlösungen verzichten. Der Einstieg in die Wanne ist übrigens deutlich weniger kippelig, wenn Sie an der Wand eine vertikale Haltestange zum Festhalten anbringen. Beim Hinsetzen und Aufstehen helfen horizontale Griffe. Manche Badewannen haben solche Griffe bereits integriert.

Wenn Sie die Badewanne irgendwann gegen eine Dusche tauschen möchten, sollte die Armatur so angebracht werden, dass sie für beide Varianten genutzt werden kann (siehe Seite 91). Ist das Bad groß genug für Dusche und Wanne, müssen Sie sich um die Platzierung weniger Gedanken machen. Bringen Sie die Armatur so an, dass sie sich bequem im Sitzen bedienen lässt, beim Baden aber nicht stört. Schwenkbare Modelle sind praktisch, weil der Hahn zur Seite gedrückt werden kann und dann nicht mehr im Weg steht. Auch für die Badewanne empfiehlt sich ein Thermostatventil mit Temperaturbegrenzung.

Die Toilette

Bei der Auswahl einer Toilette müssen Sie sich zunächst entscheiden, ob Sie eine stehende oder hängende Toilettenschüssel haben möchten. Für die hängende Variante spricht, dass sich der Boden im Bad besser putzen lässt. Außerdem kann die hängende Schüssel leichter an die Körpergröße angepasst werden. Normalerweise werden Toiletten mit einer Sitzhöhe von 42 cm angebracht. Soll dem Nutzer das Aufstehen erleichtert werden, befestigt man sie in einer Höhe von 46–48 cm. Doch das sind Standardmaße. Um herauszufinden, was für Sie passt, sitzen Sie am besten Probe. Wenn die Knie einen Winkel von 90 Grad bilden und beide Füße fest auf dem Boden stehen, hat die Toilette die richtige Höhe. Ist ihr Partner deutlich größer oder kleiner als Sie, sollten Sie einen Mittelwert wählen. Im Handel werden auch höhenverstell-

bare Toiletten angeboten, die allerdings ziemlich teuer sind.

Preisbeispiel

Ein wandhängendes Toilettenbecken kostet rund 320 Euro, ein Toilettensystem mit elektrisch verstellbarer Sitzhöhe rund 4.200 Euro.

Moderne Toiletten werden in der Regel an einem Vorwandinstallationselement befestigt. Damit sind Sie in der Raumgestaltung flexibler, weil die Installationen nicht genau dort erfolgen müssen, wo die Leitungen in der Wand verschwinden. Ein weiterer Vorteil: Sie sehen weder Rohre noch Spülkasten, sondern nur die WC-Tasten. Ein Vorwandinstallationselement besteht aus Metallrahmen, in die alle Zu- und Abflussleitungen und die Anschlüsse der Sanitärobjekte untergebracht werden. Das Metallgestell wird anschließend zum Beispiel mit Gipskartonplatten verkleidet und befliest. Dann unterscheidet es sich nicht mehr von der restlichen Wand. Aber Achtung: An einem solchen Vorwandinstallationselement können Sie keine Griffe befestigen, weil die Platten nicht stabil genug sind. Um flexibel zu bleiben, sollte die Vorwandinstallation mit großzügigen Traversen oder anderweitig verstärkt werden. Dann haben Sie jederzeit die Möglichkeit, Stütz- oder Haltegriffe anzubringen.

Damit es beim Toilettengang nicht eng wird, sollte das WC auf der einen Seite mit mindestens 20 cm Abstand zur Wand oder zu anderen Sanitärobjekten installiert werden. Auf der anderen Seite sollten Sie 90 cm Platz lassen. Die Fläche können Sie für ein Regal oder die Waschmaschine nutzen. Sie wird nur gebraucht, wenn ein Rollstuhlfahrer seitlich auf

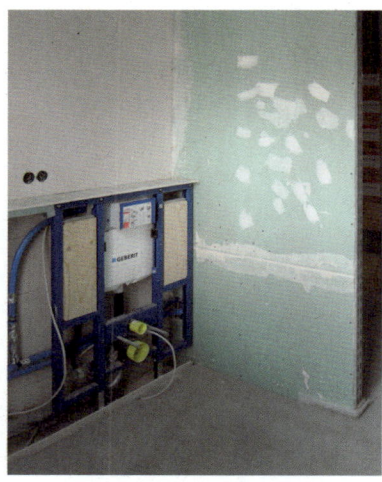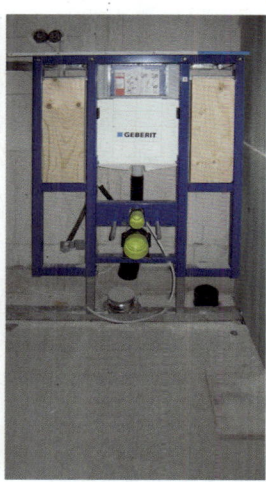

Vorwandinstallation für ein Dusch-WC mit Strom- und Wasseranschluss – Aufbau und Ergebnis.

Tipp

Ein neues WC kann auch als Blockelement vor die alte Installation gesetzt werden. Technik und Anschlüsse sind in dem Korpus integriert. Die vorhandenen Anschlüsse lassen sich theoretisch weiter nutzen. Es sollte aber in jedem Fall geprüft werden, ob sie noch intakt sind. Wird das Bad sowieso umgebaut, ist es oft wirtschaftlicher, alte Anschlüsse gleich mit erneuern zu lassen.

die Toilette umwechselt. Wichtig ist der Platz vor der Toilette. Dort muss eine Fläche von 120 × 120 cm, besser 150 × 150 cm frei bleiben. Lassen Sie beim Umbau an der Toilette einen extra Strom- und Wasseranschluss legen. Dann können Sie ohne viel Aufwand nachträglich ein Dusch-WC aufstellen (siehe Seite 108).

Der Waschtisch

Das Waschbecken ist der zentrale Ort im Bad. Dort putzt man Zähne, wäscht sich und frisiert die Haare. Es ist komfortabel, wenn man dafür nicht immer stehen muss, sondern auch im Sitzen klarkommt.

Deshalb setzen Sie sich bei der Planung am besten auf einen Stuhl und probieren aus, ob Sie noch an alle wichtigen Gegenstände herankommen. Sehen Sie sich im Spiegel und können Sie die Armaturen leicht bedienen? Falls ja, haben Sie alles richtig gemacht. Stoßen Sie aber mit den Beinen an den Siphon oder den Unterschrank und sehen Sie im Spiegel nur den Haaransatz, sollten Sie den Waschbereich umgestalten.

Um bequem am Waschtisch sitzen zu können, brauchen Ihre Beine je nach Körpergröße unter dem Becken zwischen 65 und 70 cm Platz. Daraus ergibt sich eine Einbauhöhe von 80–35 cm,

Flacher Waschtisch mit integrierten Griffen und viel Abstellfläche.

Preisbeispiel

Ein Waschtisch 55 × 55 cm mit Unterputzsiphon kostet rund 430 Euro, der Austausch eines herkömmlichen Siphons gegen einen Flachaufputzsiphon rund 90 Euro.

gemessen an der Oberkante des Waschbeckens. Damit Sie sich nicht die Knie am Siphon anstoßen oder am dort angesammelten heißen Wasser verbrennen, empfiehlt sich der Einbau eines Flachaufputz- oder eines Unterputzsiphons, der in der Wand verläuft.

Erfolgt die Warmwasserversorgung über einen Durchlauferhitzer, darf dieser nicht unter dem

Becken positioniert werden. Sonst wird es dort für die Beine zu eng. Aus energetischer Sicht kann es sinnvoll sein, eine alternative Warmwasseraufbereitung einzubauen.

Das Waschbecken selbst sollte möglichst flach sein. Modelle mit einem hohen, schmalen Rand oder sehr tiefem Becken sind im Sitzen unpraktisch. Wenn Sie ein Becken mit großen Ablageflächen wählen, können Sie dort Seifenspender, Handcreme und Ähnliches abstellen. Das Angebot an Waschbecken ist riesig, die Auswahl letztlich Geschmackssache. Einige Hersteller haben diverse Zusatzfunktionen integriert. Es gibt Waschbecken mit einer Greifreling, an der man sich abstützen kann, und Modelle mit ein-

Ein Waschtisch mit Unterputzsiphon bietet Beinfreiheit.

Griffmulden am Waschbecken bieten sich auch als Handtuchhalter an.

Ist die Vorwandinstallation niedrig, lässt sich auch ein großer Spiegel auf Sitzhöhe anbringen.

gebauten Griffmulden. Braucht man die Griffe nicht, lassen sie sich als Handtuchhalter nutzen.

Die Armaturen sollten sich gut mit einer Hand bedienen lassen. Praktisch sind Einhebel-mischbatterien mit Temperaturbegrenzung. Probieren Sie am besten verschiedene Mischer aus, denn manchmal ist der Radius zwischen heiß und kalt sehr klein. Die richtige Tempe-ratur einzustellen, wird dann zur Feinarbeit. Verfügt die Armatur über eine ausziehbare Schlauchbrause, können Sie sich bequem am Waschbecken die Haare waschen.

Damit Sie sich auch im Sitzen im Spiegel be-trachten können, sollte die Vorwandinstalla-tion für das Waschbecken entweder bis zur Decke reichen oder maximal 105 cm hoch sein. Dann haben Sie die Möglichkeit, den Spiegel direkt über dem Becken aufzuhängen.

Lampen neben oder über dem Waschbecken sorgen für gutes Licht. Für die Grundbeleuch-tung im Bad eignen sich Energiesparlampen oder LED. Am Spiegel sollten Sie Leuchtstoff-röhren, Energiesparlampen, LED oder Halogen-strahler mit einem hohen Farbwiedergabewert (mindestens Ra 90) anbringen. Je höher der Wert liegt, desto naturgetreuer werden Farb-töne wiedergegeben. Das hilft beim Schmin-ken. Probieren Sie aus, ob Sie am Waschbe-cken im Sitzen alle wichtigen Waschutensilien erreichen. Liegt das Waschbecken an einer Raumecke, ist es praktisch, eine Ablagefläche an der Seitenwand in 80–90 cm Höhe zu montieren. Auf dieser Seite lässt sich dann aber kein Haltegriff nachrüsten. Bei Bedarf kön-nen Sie sich am Waschtisch selbst abstützen – vorgeschrieben ist, dass er 150 Kilogramm tragen können muss. Auch am Waschbecken brauchen Sie Platz: Vor dem Becken sollte eine Fläche von 150 × 150 cm frei bleiben.

Die Heizkörper

Am besten wählen Sie ein Modell, an dem sich Handtücher aufhängen lassen. Sie trocknen so schneller und sind angenehm warm. Achten Sie darauf, dass sich das Thermostatventil an

Komfort am Waschtisch: Viel Licht und Ablagefläche.

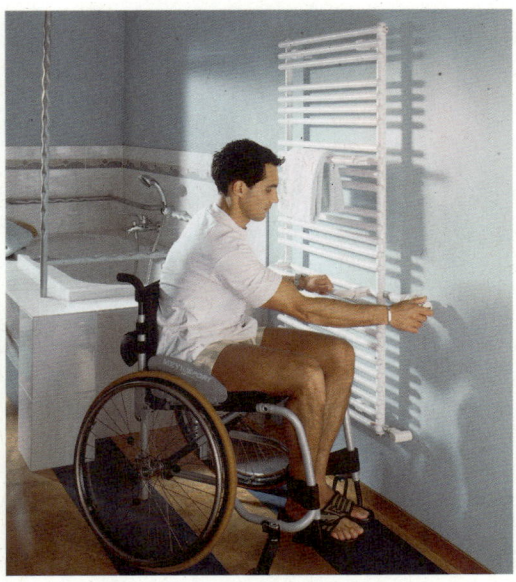

Höher montierte Heizungsventile lassen sich leichter bedienen.

Heizkörper in einer bequemen Greifhöhe befindet. Dann müssen Sie sich beim Verstellen nicht jedes Mal tief bücken. Das Ventil sollte mindestens 40 cm über dem Boden angebracht sein, komfortabel ist eine Höhe von 85–105 cm.

Gut zu wissen

Auf der Internetseite www.shk-barrierefrei.de des Zentralverbandes Sanitär, Heizung, Klima können Sie nach Fachunternehmen mit der Zusatzbezeichnung „Fachbetrieb barrierefreies Bad" suchen. Die zertifizierten Unternehmen kennen sich mit Anpassungsmaßnahmen aus und bieten unter anderem einen Badumbau aus einer Hand an. Sie müssen sich also nicht selbst um die Abstimmung zwischen den verschiedenen Gewerken kümmern. Auf der Internetseite www.aktion-barrierefreies-bad.de finden Sie außerdem ein Glossar mit zahlreichen Begriffen rund um den Badumbau.

Kleine Maßnahmen – große Wirkung

■ Gummimatten in der Dusche sind eine Notlösung, weil man leicht über den Rand stolpern kann. Wenn Sie eine Gummimatte benutzen möchten, sollten Sie ein Modell wählen, das den kompletten Duschwannenboden bedeckt. Eine gute Alternative sind Antirutschfolien, die in die Duschwanne geklebt werden. Für den Barfußbereich vor der Duschwanne gibt es selbstklebende Antirutschbeläge.

■ Wenn Sie nur gelegentlich in der Dusche sitzen möchten, können Sie einen Duschhocker oder Duschstuhl kaufen. Die Sitze sind so beschaffen, dass das Wasser schnell ablaufen kann. Gummifüße verhindern, dass der Stuhl in der Dusche wegrutscht. Solche mobilen Stühle nehmen

Ein als L-Winkelgriff konzipierte Brausestangenhalterung unterstützt beim Setzen und Aufstehen.

mehr Platz weg als festinstallierte Klapp-sitze. Dafür sind sie flexibler einsetzbar und können zum Beispiel auch am Waschbe-cken genutzt werden. Duschhocker werden als Pflegehilfsmittel von der Pflegekasse bezahlt (siehe Seite 166).

■ Wählen Sie an der Toilette einen Papier-halter aus, bei dem das obere Element auf der Papierrolle liegt. Dann können Sie das Papier mit einer Hand abreißen.

Neue Lebenssituation – so lässt sich das Bad anpassen

Halte- und Stützgriffe: Senkrechte Griffe sind zum Festhalten gedacht, waagerechte Griffe zum Abstützen des Körpergewichts. Praktisch sind L-förmige Griffe, weil man sich hochzie-hen und festhalten kann. Bei körperlichen Ein-schränkungen bieten Stütz- und Haltegriffe viel Sicherheit. Es ist wichtig, sie an den richtigen Stellen zu montieren. Deshalb sollte man sich vorher immer beraten lassen.

Boden-Decken-Stangen

Diese Stangen werden zwischen Boden und Decke geklemmt und helfen beim Hinsetzen, Aufstehen und Stehen. Sie werden in der Du-sche, an der Badewanne oder an der Toilette eingesetzt.

Dusche: Falls einer der Bewohner eines Tages auf einen Rollstuhl angewiesen ist, kann die Duschwand gegen einen Duschvorhang ge-tauscht werden. Wird diese Möglichkeit bereits beim Einbau berücksichtigt, ist der Umbau nicht aufwändig. Ein Duschvorhang hat den Vorteil, dass er zur Seite geschoben und die Dusche dann vollständig als Bewegungsfläche genutzt werden kann. Der Duschvorhang sollte 5–10 cm vom Duschplatzrand nach innen ver-setzt werden, damit kein Spritzwasser auf den Fußboden gelangt.

Duschabtrennung: Menschen mit einer Sehbehinderung verzichten besser auf eine Duschabtrennung aus transparentem Glas. Denn sie kann leicht übersehen werden. Besser sind Modelle mit farbigen Elementen oder Verzierungen.

Dusch-WC: Ein Dusch-WC verfügt über Duschdüsen und einen Fön, um den Intimbereich zu reinigen und zu trocknen. Auf dem Markt werden Dusch-WC-Aufsätze und Komplettanlagen angeboten. Ein Aufsatz ist billiger, es muss aber darauf geachtet werden, dass der WC-Sitz mit Aufsatz nicht zu hoch wird. Klären Sie außerdem, wie viel Wasser erwärmt wird und ob der Aufsatz über einen Fön verfügt.

WC: Auch von einem höher gehängten WC kann es irgendwann schwerfallen, aufzustehen. Dann sind Stützklappgriffe an der Toilette hilfreich. An den waagerechten Griffen kann man sich abstützen und hochdrücken, werden sie nicht gebraucht, lassen sie sich wegklappen. Die Griffe sollten neben der Sitzfläche auf Ellenbogenhöhe montiert werden. Lassen Sie vor dem Einbau unbedingt beraten.

Diese Umbauten fördert die KfW

Eine Anpassung des Badezimmers ist besonders wichtig, um lange selbstständig zu Hause wohnen bleiben zu können. Die KfW fördert **„Maßnahmen an Sanitärräumen"** deshalb in einem eigenen **Förderbereich 5**. Das zinsgünstige Darlehen kann beansprucht werden für

■ **die Anpassung der Raumgeometrie**. Das Bad muss nach dem Umbau mindestens 180 × 220 cm groß sein. Ist das nicht mög-

lich, müssen vor den einzelnen Sanitärobjekten jeweils Bewegungsflächen von mindestens 90 cm Breite und 120 cm Tiefe eingehalten werden. Die Bewegungsflächen dürfen sich überschneiden. Der Abstand zwischen den Sanitärobjekten oder zur seitlichen Wand muss mindestens 25 cm betragen. Vorkehrungen zur späteren Nachrüstung mit Sicherheitssystemen – etwa Haltestangen – müssen vorgenommen werden.
■ **den Einbau einer bodengleichen Dusche**. Ist dieser baustrukturell nicht möglich, darf die Dusche nicht mehr als 20 mm abgesenkt sein. Die Übergänge sollen möglichst als geneigte Flächen ausgebildet werden. Die Dusche muss mit rutschfesten oder rutschhemmenden Bodenbelägen versehen sein.
■ **ein neues Waschbecken**. Es muss mindestens 48 cm tief sein und in der Höhe an den Bedarf des Nutzers angepasst werden. Außerdem muss Platz für die Knie frei bleiben, damit das Waschbecken auch im Sitzen genutzt werden kann.
■ **ein neues WC**. Voraussetzung ist, dass die Sitzhöhe an den Nutzer angepasst wird oder das WC in der Höhe flexibel montiert werden kann.
■ **den Einbau einer neuen Badewanne,** wenn die Einstiegshöhe maximal 50 cm beträgt. Alternativ können Badewannen mit seitlichem Türeinstieg verwendet werden. Oder die Badewanne muss so eingebaut werden, dass sie mit einem mobilen Liftsystem unterfahrbar ist.

Im **Förderbereich 4 „Anpassung der Raumgeometrie"** unterstützt die KfW die Verbreiterung der Badtür. Sie muss auf mindestens 80 cm Durchgangsbreite erweitert werden, in einer Höhe von 85–105 cm einen Türdrücker aufweisen, nach außen aufschlagen und von außen entriegelt werden können. Wird eine Raumspartür eingebaut, muss sie in geöffnetem Zustand eine Durchgangsbreite innerhalb des Flures von mindestens 100 cm ermöglichen.

Zusätzlich fördert die KfW im **Förderbereich 6 „Sicherheit, Orientierung, Kommunikation"** den Einbau von Stütz- und Haltesystemen und neuen Bedienelementen wie Lichtschaltern. Stütz- und Haltegriffe müssen waagerecht und/oder senkrecht montiert werden und bei neuen Vorwandkonstruktionen auch nachträglich angebracht werden können. Die Bedienelemente müssen großflächig bemessen, tastbar wahrzunehmen und in der Funktion erkennbar sein. Aus diesem Grund werden ausschließlich Kipp- und Tastschalter sowie bewegungsabhängige Schalter gefördert. Sie müssen in einer Höhe zwischen 80 und 110 cm (untere Steckdosen mindestens 40 cm) und mit mindestens 25 cm Abstand zu einer Raumecke montiert werden.

Kochen, Essen, Leben – die Küche wird oft zum zweiten Wohnzimmer.

Küche

Frau Fenn hat eine klassische Einbauküche in L-Form. Die Resopalarbeitsplatte ist abgegriffen, die Schränke haben keine Auszüge, sodass sich Frau Fenn hinknien muss, um Schalen oder Töpfe herauszuholen. Manchmal ist sie sogar gezwungen, den Schrank halb auszuräumen, um an weiter hinten stehende Lebensmittel heranzukommen. Das ist beim Kochen lästig. Frau Fenn träumt schon lange von einer neuen großen Küche mit viel Arbeitsfläche. Jetzt ist Geld übrig und sie kann planen. Um mehr Platz zu haben, möchte sie die Wand zum Esszimmer herausnehmen lassen und eine Kochinsel aufstellen. Dort kann Sie dann endlich ausgiebig mit Freunden kochen.

Die Küche ist Mittelpunkt des Familienlebens: Hier wird erzählt, gekocht, geschnippelt und genascht. Freunde gesellen sich beim Kochen dazu oder fassen gleich mit an. Eine Küche soll funktional sein und gleichzeitig gut aussehen. Funktional heißt: bequeme Arbeitshöhen, übersichtliche Schränke, kurze Wege. Durch geschickte Planung lassen sich viele unnötige Handgriffe vermeiden. Und das macht Kochen noch viel schöner.

Auch in der Küche zählt Platz. Vor den Arbeitsplatten, an Herd und Ofen, Kühlschrank, Spülmaschine und Spülbecken müssen Sie sich frei bewegen können. Schließlich tragen Sie Töpfe, Geschirr und Lebensmittel hin und her. Und wer viel gemeinsam kocht, muss dem anderen Raum lassen. Vor allen wichtigen Arbeitsbereichen sollte deshalb eine Fläche von 120 × 120 cm, besser 150 × 150 cm frei bleiben. Wenn Sie nur eine sehr kleine Küche haben, lohnt es sich, über eine Vergrößerung nachzudenken. Vielleicht können Sie eine Wand versetzen. Oder Sie öffnen die Küche zum benachbarten Esszimmer, sodass eine offene Wohnküche entsteht (siehe Seite 130 f.). Das ist zwar mit einigem Aufwand verbunden, dafür haben Sie bei der Gestaltung mehr Spielraum. In eine größere Küche passt eventuell ein Tisch mit Stühlen. Eine solche Sitzecke ist praktisch für ein schnelles Frühstück oder eine kleine Mahlzeit zwischendurch. Und man kann dort im Sitzen schnippeln. Bei einer offenen Küche können Sie die Speisen direkt vom Herd auf den Esstisch stellen. Damit sparen Sie sich Wege.

Das A und O neben dem Platz ist die richtige Anordnung der Arbeitsbereiche. Liegen Herd, Arbeitsplatte und Spüle nah beieinander, erleichtert das die Arbeitsabläufe. Besonders günstig ist eine Übereck-Anordnung. An der einen Wand wird der Herd aufgestellt, an der anderen die Spüle, verbunden durch eine Arbeitsplatte von 90–120 cm Breite.

Wenn Sie dort zum Beispiel Gemüse zubereiten, reicht eine Vierteldrehung in die eine Richtung, um das Gemüse zu waschen, eine Vierteldrehung zurück zum Kochen. Und zwischen Herd und Spüle selbst liegen nur wenige Schritte. Rechtshänder bevorzugen in der Regel einen Arbeitsablauf von rechts nach links. Für sie bieten sich folgende Anordnungen an: Vorrat – Arbeitsfläche – Spüle – Arbeitsfläche – Herd – Arbeitsfläche. Oder Vorrat – Arbeitsfläche – Herd – Arbeitsfläche – Spüle – Arbeitsfläche. Herd und Kühlschrank sollten nicht nebeneinander liegen, weil die

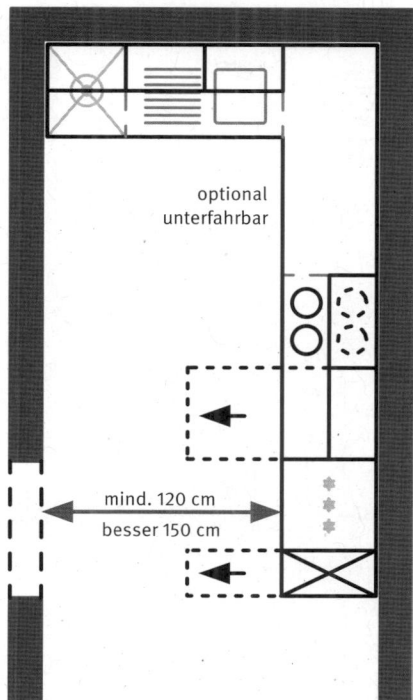

Eine praktische L-förmige Küche.

Wärme beim Kochen den Energieverbrauch des Kühlschranks nach oben treibt. Genauso schlechte Nachbarn sind Spülmaschine und Kühlschrank. Die Spülmaschine wird am besten nah am Spülbecken aufgestellt, aber außerhalb des Hauptarbeitsfelds. Steht die Klappe offen, müssen Sie sonst immer um sie herumlaufen. Auch das sind unnötige Wege.

In einer großen Küche bietet sich auch eine U-Anordnung an, wobei das Arbeitsdreieck erhalten bleibt. Zweizeilige Küchen, bei denen Spüle und Herd gegenüber liegen, sind weit unpraktischer. Ein Beispiel: Wollen Sie Nudeln abgießen, müssen Sie den schweren, heißen

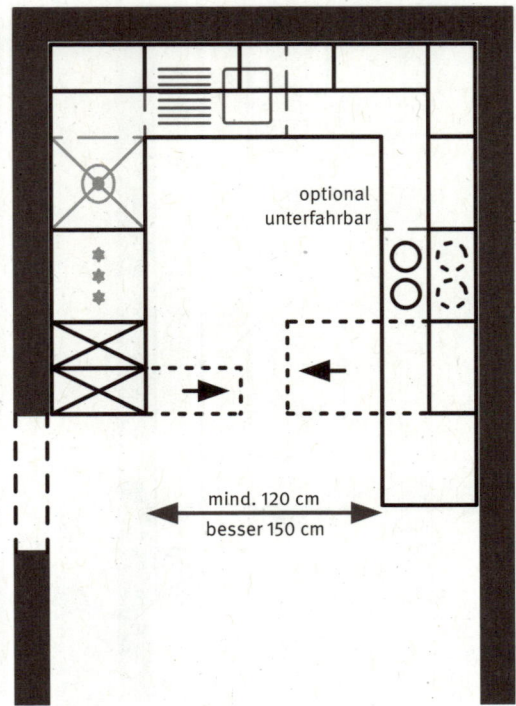

Funktioniert nur in großen Küchen: Die U-Anordnung.

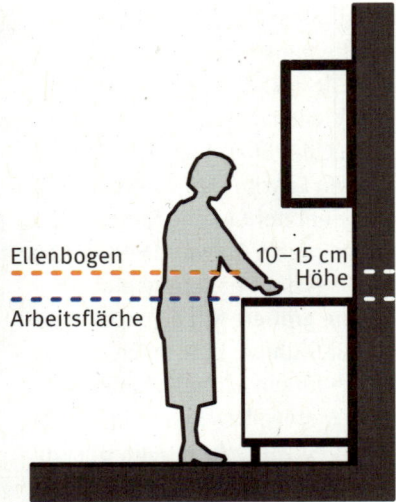

Zwischen Ellenbogen und Arbeitsplatte müssen 10 bis 15 cm liegen.

Topf vom Herd zur Spüle heben und sich dabei um 180 Grad drehen. So ein Kraftaufwand lässt sich gut vermeiden. Diesen Nachteil

Tipp

Sie erleichtern sich die Küchenarbeit, indem Sie Küchengeräte höher stellen: Wenn die Spülmaschine auf einem rund 30 cm hohen Sockel steht, müssen Sie sich zum Ein- und Ausräumen nicht mehr so tief bücken. Der Sockel kann für eine Schublade genutzt werden. Die Spülmaschine passt dann zwar nicht mehr unter die Arbeitsplatte, kann aber in einen Schrank integriert werden.

haben übrigens auch Kochinseln. Sie sind zwar praktisch, weil von allen Seiten gekocht werden kann. Häufig haben sie aber nur den Herd integriert, die Spüle befindet sich in der Arbeitsplatte an der Zimmerwand. Töpfe vom Herd müssen zum Becken getragen werden, um Wasser einzufüllen oder abzugießen. Dabei werden schnell die Arme schwer. Falls Sie eine Kochinsel aufstellen möchten, sollten Sie daher eine Variante mit integrierter Spüle wählen. Verfügt diese über eine drehbare Armatur mit Duschbrause, können Sie den Topf bequem auf der Arbeitsplatte mit Wasser füllen und dann auf den Herd ziehen.

Gekocht wird meistens im Stehen. Ist die Arbeitsplatte zu niedrig montiert, schmerzt schnell der Rücken. Ist sie zu hoch angebracht, muss man ständig die Arme anheben, was ähnlich unbequem ist. Die passende Höhe für die Arbeitsplatte finden Sie folgendermaßen her-

Eine Leiste mit Kochutensilien ist schick und praktisch.

aus: Zwischen Ellenbogen und Arbeitsfläche sollten 10–15 cm liegen. Bei einer Körpergröße von 160–165 cm ergibt sich daraus eine ideale Arbeitshöhe von 90 cm, bei einer Körpergröße von 180–185 cm von 100 cm. Kochen sehr unterschiedlich große Menschen regelmäßig in einer Küche, ist es sinnvoll, Arbeitsplatten in unterschiedlicher Höhe anzubringen. Eine – kostspielige – Alternative sind Küchenarbeitsplatten mit elektrischer Höhenverstellung.

> **Tipp**
>
> Wenn die Sockelleisten nicht mit der Schrankfront abschließen, sondern leicht zurückversetzt angebracht werden, stehen Sie bequemer an der Arbeitsplatte. Die Füße stoßen dann nicht an der Leiste an.

Neben der Aufteilung der Küche entscheiden auch die Materialien, wie viel Arbeit Sie haben. Eine Glasplatte an der Rückwand der Arbeitsplatte ist zum Beispiel leichter zu reinigen als Fliesen mit Fugen. Alternativ können Sie eine Reihe großer Fliesen, etwa im Format 30 × 60 cm, hochkant so eng an die Wand kleben, dass die Zwischenräume gar nicht verfugt werden müssen. Spritzer beim Kochen lassen sich so einfach abwischen und müssen nicht mühsam aus den Fugen gekratzt werden.

Die Arbeitsplatte muss vor allem robust sein. Es kommen immer wieder neue, sehr widerstandsfähige Kunststoffoberflächen auf den Markt. Erkundigen Sie sich in einem Fachgeschäft. Arbeitsplatten aus geölten Harthölzern haben den Vorteil, dass sie nicht zu Bruch gehen und bei arger Verschmutzung einfach abgeschliffen und nachgeölt werden können. Naturstein wiederum lässt sich gut sauber halten. Und Sie können bedenkenlos heiße Töpfe auf der Arbeitsplatte abstellen, ohne erst Untersetzer suchen zu müssen.

Für den Fußboden bietet sich ein möglichst unempfindlicher und pflegeleichter Belag an.

Die Innenarchitektin Ulla Trumann aus Detmold hat sich auf behindertengerechtes Planen und Bauen spezialisiert. Sie beschäftigt sich seit vielen Jahren mit der Wohnungsanpassung und hat schon mehrere Küchen barrierefrei umgebaut. Knifflig wird es häufig im Detail.

Frau Trumann, vor welchen Schwierigkeiten stehen Sie, wenn Sie bestehende Küchen umbauen?

Ich versuche immer, Küchen so zu planen, dass eine Arbeitsfläche vor einem Fenster liegt. Dann hat man beim Zubereiten gutes Licht und benötigt tagsüber keine Beleuchtung. Doch oft sind die Fensterbänke zu niedrig. Sie befinden sich 85 cm über dem Boden. Die Arbeitsplatte muss aber auf mindestens 90 cm Höhe angebracht werden, damit man gut daran arbeiten kann. Mit den bestehenden Fensterbänken ist das nicht möglich.

Was ist die Lösung?

Man kann die Fensterbank höher einbauen: Dafür nimmt man das alte Fenster raus, mauert die Brüstung auf und setzt ein neues Fenster ein. Oft ist unter dem Fenster ein Heizkörper in einer Heizkörpernische angebracht. Der wird auch verlegt und die Nische wird zugemauert. Das ist auch energetisch sinnvoll, um eine Kältebrücke zu vermeiden.

Wo kommt der Heizkörper hin?

Meistens ist dafür Platz neben der Tür. Dort passt eh kein Schrank hin. Ich empfehle auch für die Küche Handtuchwärmekörper. Die sind nur 10 cm tief, und man kann seine Geschirrtücher zum Trocknen aufhängen.

Was muss man beim Fenster beachten?

Wer es bequem haben möchte, sollte über einen automatischen Fensteröffner nachdenken. Das geht per Funk oder über den Stromkreis. Aufgrund der Tiefe der Arbeitsplatte ist es schwieriger, die Fensterolive zu bedienen.

Wasser-, Saft- oder Ölspritzer beispielsweise dürfen keine Flecken hinterlassen. Außerdem sollte der Boden es aushalten, dass gelegentlich ein Löffel oder ein Topfdeckel hinunterfällt. Gut geeignet sind zum Beispiel glasierte oder geölte Fliesen. Fliesen haben allerdings den Nachteil, dass herunterfallende Gegenstände leicht zu Bruch gehen oder der Raum „halliger" wirkt. Dieser Effekt tritt auch bei Laminat auf. Eine Alternative sind moderne, wasserabweisende Kunststoffdielen mit Trittschalldämmung. Wer keinen Kunststoff mag, kann einen Boden aus modernen Betonwerksteinen verlegen lassen. Oder er greift zu einem flächig gegossenen Betonboden. Diese Böden werden in unterschiedlichen Farben angeboten. Weil beim Zubereiten und Kochen schnell Wasser auf den Boden spritzt, ist es sinnvoll, einen rutscharmen Bodenbelag zu wählen.

Beim Kochen brauchen Sie gutes Licht. An der Arbeitsplatte sollte die Beleuchtungsstärke mindestens 500 Lux betragen, das entspricht ungefähr der Lichtstärke am Schreibtisch im Büro. Kleiner Trick: Wenn Sie Lampen mit einem hohen Farbwiedergabewert wählen, kommen die Farben der Speisen besser zur Geltung. Empfehlenswert sind LED, weil sie kaum Strom verbrauchen und wenig Wärme erzeugen. Das ist vor allem wichtig, wenn die Lampen unter den Oberschränken angebracht werden. Denn zwischen Schrank und Arbeitsplatte kommt es schnell zu einem Hitzestau, der beim Kochen unangenehm ist. An der Arbeitsplatte sind Lampen praktisch, die auf Bewegung reagieren. So müssen Sie nicht mit nassen oder dreckigen Fingern Schalter bedienen.

Wichtig bei der Küchenplanung sind außerdem genügend Steckdosen. Kühlschrank, Mikro-

Ausziehtische bieten zusätzliche Arbeitsfläche.

welle, Backofen, Dunstabzugshaube und andere Großgeräte brauchen Strom. Doch häufig werden die Kleingeräte auf der Arbeitsplatte vergessen: Kaffeemaschine, Wasserkocher, Toaster und Ähnliches. Damit die Geräte eingesteckt bleiben können und trotzdem freie Steckdosen für Handmixer und andere Küchenmaschinen bleiben, sollten Sie an der Arbeitsplatte mindestens sechs Steckdosen einplanen – mit 50 cm Abstand zur Raumecke, damit sie sich gut bedienen lassen.

Apothekenschränke ermöglichen Zugriff von zwei Seiten.

Wenn Sie sich grundsätzlich im Klaren sind, wie die Küche aufgebaut werden soll, können Sie sich Gedanken über die Ausstattung machen. Auch hier gilt: Mit den richtigen Möbeln und Geräten wird der Alltag leichter.

Bevor Sie Arbeitsflächen, Schränke und Schubladen planen, lohnt eine kritische Bestandsaufnahme: Wie viel und für wen wird gekocht? Essen Sie häufig außer Haus oder kochen Sie regelmäßig mit Freunden in großer Runde? Das sollten Sie bei der Planung berücksichtigen.

Sind die Kinder aus dem Haus, brauchen Sie weniger Stauraum für Lebensmittel und Geschirr. Den Platz können Sie zum Beispiel für die Waschmaschine nutzen. Das schafft Freiraum im Bad oder erspart lästige Gänge in den Keller. Wenn Sie in einem Bereich der Arbeitsplatte auf Unterschränke verzichten, können Sie dort einen Sitzplatz einrichten. Stellen Sie zum Beispiel einen höhenverstellbaren, drehbaren Hocker auf Rollen auf. Dann können Sie bequem im Sitzen kochen und sich dabei auch noch bewegen. Wird der Hocker nicht gebraucht, verschwindet er unter der Platte. Benötigen Sie den Platz unter der Arbeitsfläche dringend als Stauraum und können Sie in der Küche keinen Tisch aufstellen, ist ein Auszugstisch eine Alternative. Er sieht aus wie eine Schublade und kann bei Bedarf heraus-

Prüfen Sie vor dem Kauf, ob Sie in geöffnetem Zustand noch an die Griffe herankommen.

Ein Topfrondell im Eckschrank ist praktisch und schafft Ordnung.

gezogen werden. Achten Sie darauf, dass unter dem Tisch mindestens 70 cm Platz sind, damit Sie gut an ihm sitzen können.

In modernen Küchen sind Schränke mit Auszügen Standard. Sie kosten etwas mehr als Modelle mit Einlegeböden. Die Investition lohnt sich aber in jedem Fall. Bei einem Unterschrank mit Auszug müssen Sie nicht mehr auf dem Boden kauern, um den passenden Topf zu finden. Sie ziehen den Schrank nach vorne und haben alle Küchenutensilien von oben im Blick. Hochschränke mit Frontauszug, sogenannte Apothekerschränke, werden nach vorne gezogen und sind dann von beiden Seiten zugänglich. Eckschränke mit Karussell-Einsatz ermöglichen, Töpfe und Schüsseln zu sich zu drehen. Praktisch sind beleuchtete Schränke, weil man den Inhalt leichter erkennen kann. Bei

der Wahl der Oberschränke sollten Sie auf die Türen achten. Ragen Sie in geöffnetem Zustand weit in den Raum hinein, kann man sich leicht an ihnen stoßen. Besser sind Türen mit Weitwinkelscharnier, die sich um 180 Grad öffnen lassen. Oder Sie wählen Falttüren, die zur Seite oder nach oben einklappen. Probieren Sie aber unbedingt aus, ob Sie die Griffe auch in geöffnetem Zustand gut erreichen. Vor allem bei Falttüren, die nach oben einklappen, kann es damit Probleme geben. Zum Schließen immer auf den Hocker zu klettern, ist gefährlich. Eine Alternative sind Schränke mit Schiebetüren.

Wollen Sie zusätzlich zu den Schränken auch die Küchengeräte austauschen? Dann überlegen Sie am besten vorher, welche Funktionen Ihnen wichtig sind. Manchmal ist weniger mehr, vor allem, wenn Sie die Geräte dafür eindeutig

Küchengeräte wie Ofen, Mikrowelle oder auch der Espresso-Automat sollten in der richtigen Höhe positioniert werden.

bedienen können und sich nicht erst durch zahlreiche Untermenüs klicken müssen. Es lohnt sich, in einem Fachgeschäft verschiedene Bedienelemente auszuprobieren. Ein Kochfeld mit integrierten Sensortasten lässt sich gut reinigen. Dafür kann die Bedienung Schwierigkeiten machen, weil man die Tasten in der glatten Oberfläche nicht fühlt. Schalter und Drehknöpfe sind deutlich leichter wahrzunehmen.

Neben den Funktionen und der Bedienbarkeit spielt der Energieverbrauch eine wichtige Rolle. Schließlich sind Backofen, Herd und Kühlschrank ständig im Einsatz. Fragen Sie beim Einkauf nach leisen Geräten.

Was ein Küchengerät leisten muss, hängt von Ihren persönlichen Kochgewohnheiten ab. Ein paar grundsätzliche Überlegungen können aber bei der Auswahl helfen.

Als Kühlschrank bieten sich Kühl-Gefrier-Kombinationen an. Sie sind zwar größer als herkömmliche Kühlschranke, die unter die Arbeitsplatte gestellt werden können. Dafür haben Sie alle Lebensmittel in bequemer Sicht- und Greifhöhe. Auf den Gefrierschrank im Keller können Sie in aller Regel verzichten.

Bei der Wahl von Herd und Backofen ist es dagegen sinnvoll, getrennte Geräte zu wählen. Wird der Backofen weiter oben eingebaut, muss man sich nicht bücken, um Kuchen und Braten hineinzustellen. Praktisch sind Backöfen mit Teleskopauszug, weil man die Bleche aus dem Ofen ziehen kann, ohne dass sie kippen. Das ist hilfreich, wenn man zum Beispiel einen Braten einpinseln will, und verhindert, dass man sich am heißen Ofen verbrennt. Fehlt ein solcher Auszug, sollte man einen Ofen wählen, dessen Tür zur Seite statt nach unten öffnet. So kommt man leichter an die Bleche

Schränke mit Auszug zeigen auch, was hinten steht.

heran. Steht der Backofen seitlich neben einer Arbeitsfläche, können Sie dort bequem heiße Speisen abstellen. Ein höher gestellter Backofen hat allerdings den Nachteil, dass man ihn meist nicht im Sitzen bedienen kann.

Gut zu wissen

Backöfen mit integriertem Reinigungssystem können den Putzaufwand reduzieren. Es sind unterschiedliche Systeme auf dem Markt: Glatt-Emaille, katalytische Selbstreinigung, pyrolytische Selbstreinigung. Lassen Sie sich die unterschiedlichen Systeme erklären und wägen Sie ab, was Sie wirklich nutzen. Heizt sich der Backofen zur Selbstreinigung auf, verbraucht das zusätzlich Strom. Dafür spart man umweltschädliche Reinigungsmittel.

Als Herd bieten sich Glaskeramikkochfelder an, weil sie sich besonders leicht reinigen

lassen. Pfannen und Töpfe können zwischen den Kochfeldern hin und her geschoben werden. Wird der Herd flächenbündig eingebaut, lässt sich der Topf direkt vom Kochfeld auf die Arbeitsplatte ziehen. Achtung: Wenn Sie von dieser Möglichkeit Gebrauch machen möchten, sollten Sie unbedingt eine hitzebeständige Arbeitsplatte wählen. Sogenannte autarke Kochfelder haben eine eigene Bedien- und Steuereinheit und können unabhängig vom Herd überall in der Küche eingebaut werden. Ob auf einem klassischen Elektroherd, mit Gas oder Induktion gekocht wird, ist Geschmacks- und Gewohnheitssache. Alle Varianten haben Vor- und Nachteile: Ein Elektroherd braucht recht lange zum Aufheizen und Abkühlen, dafür kann man die Restwärme nutzen. Und er ist vergleichsweise günstig. Gasbrenner unter Glaskeramik werden inzwischen angeboten, sind aber noch selten. Üblich sind Gasbrenner auf Glaskeramik. Bei dieser Variante haben Sie keine ebene Kochfläche, sondern Brenner mit offener Flamme. Dadurch lassen sich Töpfe schlechter verschieben. Die offene Flamme birgt außerdem ein höheres Verletzungsrisiko. Dafür hat Gas den Vorteil, dass es sehr gut reguliert werden kann. Das gilt auch für Induktionsherde. Bei dieser Technik entsteht ein niederfrequentes, elektromagnetisches Feld, das über den Topfboden aufgenommen und in Wärme umgewandelt wird. Sobald man den Topf von der Kochplatte nimmt, schaltet der Strom wieder ab. Die Platten selbst bleiben vergleichsweise kalt. Induktionsherde sind teurer und können nur mit magnetischen Töpfen benutzt werden. Da bisher nicht abschließend geklärt ist, ob Induktionskochfelder Auswirkungen auf Herzschrittmacher haben, sollten sich Betroffene vor dem Kauf mit ihrem Arzt besprechen.

Beim Neukauf lohnt es sich, einen Herd mit Sicherheitsautomatik zu wählen. Das Gerät schaltet dann in Abhängigkeit von der gewählten Temperatur und Heizart nach einer bestimmten Zeit ab. Ältere Geräte lassen sich mit einer automatischen Herdabschaltung nachrüsten, um Herdbrände zu verhindern.

Kleine Maßnahmen – große Wirkung

■ Oft spart man sich schon dadurch viel Arbeit, dass man die Schränke umräumt. Alles, was häufig gebraucht wird, kommt in Unterschränke mit Auszügen in der Nähe der Arbeitsplatten. Selten genutzte Kochutensilien werden in die Oberschränke geräumt.
■ Misten Sie aus: Sind die Schränke nicht mehr so voll, findet man leichter, was man braucht.
■ Glasböden in den Oberschränken geben eine freie Sicht in die höhere Etage. So lässt sich besser erkennen, ob zum Beispiel der Zuckertopf oben weiter hinten steht.
■ Bauen Sie die Mikrowelle auf Augenhöhe ein und montieren Sie unterhalb der Klappe ein Brett. Dann können Sie die Klappe als Ablagefläche nutzen.

Neue Lebenssituation – so lässt sich die Küche anpassen

■ Wenn die Küche mit einem Rollstuhl genutzt werden muss, benötigen Sie unterfahrbare Arbeitsbereiche. Unter der Spüle, dem Herd und einem Teil der Arbeitsplatte müssen Schränke weggeräumt werden, damit man dort im Sitzen arbeiten kann. Fragen Sie nach, ob bei Ihrer neuen Küche nachträglich einzelne Module herausgenommen werden können.
■ Die Spüle sollte möglichst flach sein, damit Abfluss und Becken oberhalb der Knie liegen. Um sich nicht am Siphon zu stoßen, sollte ein Unterputz- oder Flachaufputzsiphon eingebaut werden.
■ Menschen mit Seheinschränkungen finden sich besser in übersichtlich gestalteten Küchen zurecht. Freie Arbeitsflächen und geringe Schranktiefen sind hilfreich. Küchengeräte mit Drehknöpfen, einrastenden Schaltern und erhabenen Markierungen lassen sich bei Sehproblemen leichter bedienen als Touch-Displays.

Diese Umbauten fördert die KfW

Die KfW unterstützt die **„Anpassung der Raumgeometrie" (Förderbereich 4)**. Gemeint ist die Vergrößerung der Küche, etwa durch das Versetzen einer Wand. Die KfW gewährt einen zinsgünstigen Kredit, wenn durch den Umbau entlang der Küchenzeile eine Bewegungstiefe von mindestens 120 cm erreicht wird.

Keller

Frau Erdmann möchte die alte Heizung im Keller austauschen, weil sie viel zu viel Energie schluckt. Bisher heizten die Erdmanns mit Gas. Deshalb überlegt sie, einen modernen Gas-Brennwertkessel einbauen zu lassen. Aber sie ist unsicher, wie sich die Gaspreise entwickeln werden. Und eigentlich wäre sie gerne unabhängig von fossilen Energieträgern. Die Erdmanns könnten sich auch eine Holzpelletheizung vorstellen, vielleicht sogar in Kombination mit einer Solaranlage. Sie beschließen, zu einer Energieberatung zu gehen und sich im Detail über die Vor- und Nachteile der unterschiedlichen Heizsysteme zu informieren. Da die neue Heizung und die isolierten Leitungen nicht mehr so viel Wärme abstrahlen werden wie früher, möchte Frau Erdmann den Trockenraum im Keller aufgeben. Sie überlegt, ob sie das frühere Kinderzimmer zu einem Hauswirtschaftsraum umgestalten und die Waschmaschine im danebenliegenden Bad aufstellen soll. Dann müsste sie die Wäsche nicht mehr in den Keller tragen.

Ein Keller bietet – ja nach Ausgestaltung – zusätzlichen Platz zum Wohnen oder zumindest Abstellfläche: für Koffer und Kisten, Werkzeug und Getränke. Häufig steht die Waschmaschine im Keller, was den Vorteil hat, dass selbst bei einem Leck der Wasserschaden überschaubar bleibt. Viele Keller haben aber eine Schwachstelle: eine schmale, steile und schlecht beleuchtete Treppe. Mit dem Wäschekorb unter dem Arm wird es beim Hinuntergehen eng, mit Getränkekisten in der Hand beim Hinaufsteigen beschwerlich. Diese Probleme lassen sich nicht grundsätzlich lösen. Sie können die Treppe aber sicherer gestalten. An erster Stelle steht der Handlauf. Gibt es noch keinen, sollten Sie dringend nachrüsten. Wird an beiden Seiten der Treppe ein Handlauf angebracht, können Sie sich sowohl beim Hoch-, als auch beim Runtergehen mit Ihrer guten Laufhand festhalten. Der Handlauf sollte über die erste und letzte Stufe hinausreichen, am Anfang und Ende abgebogen und gut umgreifbar sein (siehe Seite 48). Beidseitige Handläufe sind aber nur dann sinnvoll, wenn nach der Montage noch genug Platz zum Laufen bleibt. Bei sehr schmalen Treppen ist das manchmal nicht der Fall. Dann montieren Sie besser nur einen Handlauf auf Ihrer Lieblingsseite.

Genauso wichtig ist eine gute Beleuchtung. Für die Kellertreppe eignen sich LED oder Halogenstrahler, weil sie beim Anschalten sofort hell sind. Halogenstrahler verbrauchen allerdings deutlich mehr Strom. Brennt das Licht über längere Zeit, greifen Sie deshalb besser zu LED. Da man im Keller leicht vergisst, das Licht auszuschalten, ist es sinnvoll, Zeitschaltuhren oder Bewegungsmelder zu installieren. Bringen Sie die Leuchten so an, dass die Treppe gut ausgeleuchtet ist, Sie selbst beim Treppensteigen aber nicht geblendet werden.

Wer nicht mehr so gut sieht, sollte die erste und letzte Treppenstufe markieren, denn sie werden besonders leicht übersehen. Ein Maler kann die Stufenkanten farbig anstreichen. Oder Sie bringen selbst kontrastreiche Klebestreifen an.

Im Keller selbst lohnt ein kritischer Blick auf die Bewegungsflächen. Kommen Sie an alle wichtigen Bedienelemente – Heizung, Sicherungen und Ähnliches – gut heran? Können Sie die

Waschmaschine bequem bedienen? Falls nicht, hilft es oft schon, auszumisten oder Regale, Kisten und andere Gegenstände umzuräumen.

Finden Sie den Gang in den Keller lästig oder wird er allmählich beschwerlich? Was könnten Sie dagegen tun? Vielleicht passt die Waschmaschine auch in die Küche oder ins Bad. Haben Sie in der Nähe Platz, um die Wäsche aufzuhängen – etwa auf der Terrasse oder dem überdachten Balkon? Dann müssen Sie den schweren Wäschekorb nicht mehr durch das Haus tragen. Oder Sie stellen neben der Waschmaschine einen Trockner auf. Solche Geräte verbrauchen allerdings viel Strom.

Gibt es eine Speisekammer? Können Sie einen Teil der Küche abtrennen, um dort Getränke und Vorräte unterzubringen? Auch das erspart Ihnen den täglichen Gang in den Keller.

Falls Sie planen, Ihre Heizungsanlage auszutauschen, sollten Sie sich erkundigen, ob die Heizung auch vom Wohnbereich etwa über den Fernseher oder den Computer gesteuert werden kann. Dann müssen Sie nicht jedes Mal in den Keller gehen, um Einstellungen zu verändern. In vernetzten Häusern können Sie über einen zentralen Bildschirm oder einen Tablet-Computer die Temperatur in jedem einzelnen Zimmer steuern (siehe Seite 138). Übrigens: Wenn Sie planen, auch die Fassade zu dämmen oder die Fenster zu erneuern, sollten Sie diese Arbeiten möglichst vor dem Austausch der Heizung in Angriff nehmen. Durch den verringerten Wärmeverlust benötigen Sie anschließend in der Regel eine geringer dimensionierte Anlage mit kleineren Heizkörpern. Bevor Sie viel Geld in die Hand nehmen, lohnt es sich, einen Energieberater einzuschalten und den Umbau gemeinsam zu planen (siehe Seite 152).

Neue Grundrisse:
So sehen mögliche Lösungen aus

Oft reichen schon kleine Veränderungen, um Barrieren abzubauen und die Wohnsituation zu Hause zu verbessern. Doch manchmal sind größere Umbauten notwendig, um das Haus an die eigenen Bedürfnisse anzupassen. Vieles ist möglich. Die folgenden Beispiele geben einen kleinen Einblick.

Badvergrößerung im Erdgeschoss

Im Haus von Familie Fenn sind Bad und WC getrennt. Das war praktisch, als beide Kinder noch zu Hause lebten. Jetzt, wo sie alleine sind, finden Herr und Frau Fenn die Aufteilung ungünstig. Sie brauchen keine so große Garderobe, Bad und WC sind ihnen zu eng. Sie möchten lieber ein großes, komfortables Bad haben. Deshalb überlegen sie, die Räume zusammenzulegen.

Die aktuelle Situation

Das 4,8 Quadratmeter große rechtwinklige Bad liegt direkt neben der Hauseingangstür (siehe Skizze rechts). An der langen Außenwand liegen Badewanne und Waschmaschine, an der kurzen ist ein Fenster eingebaut, darunter befindet sich ein Heizkörper. An der langen Innenwand gegenüber der Badewanne ist das Waschbecken montiert, daneben ein weiterer Heizkörper. Die Tür schlägt nach innen auf. Neben dem Bad, ein Stück nach vorne versetzt, liegt die Garderobe, von der das WC abgeht. Die Garderobe ist 2 m² groß, das WC 2,2 m². Im WC befindet sich neben der Toilette nur noch ein Waschbecken. Herr und Frau Fenn möchten die Wände entfernen lassen, um ein großes Bad zu bekommen. Sie beauftragen eine Sani-

tärfirma, Vorschläge für die Zusammenlegung der Räume und eine barrierefreie Gestaltung des Bades zu erarbeiten. Der Sanitärhandwerker erstellt daraufhin einen Entwurf für ein größeres Bad und einen zweiten für eine rollstuhlgerechte Variante. Herr und Frau Fenn entscheiden sich für den ersten Vorschlag.

Diese Fragen müssen geklärt werden

- Um das Bad zu vergrößern, müssen die Wände zwischen Bad und WC/Garderobe und zwischen WC und Garderobe entfernt werden. Ist das problemlos möglich? Oder handelt es sich um tragende Wände? In einem solchen Fall müsste ein Statiker eingeschaltet werden, und der Umbau wäre genehmigungspflichtig. Herr und Frau Fenn haben Glück. Pläne des Hauses zeigen, dass die Zwischenwände nicht tragend sind. Es ist also kein Problem, sie herauszubrechen.
- Welche Leitungen bleiben erhalten, welche müssen erneuert werden? Wenn Sanitärobjekte versetzt werden, tauscht man in der Regel die Leitungen aus. Das heißt für Variante 1, dass die Anschlüsse der Badewanne erhalten bleiben, Waschbecken, Toilette und Dusche bekommen neue Leitungen. In Variante 2 müssen alle Anschlüsse erneuert werden.
- Wie kann bei der bodengleichen Dusche die Entwässerung sichergestellt werden? In diesem Fall ist der Einbau unproblematisch, weil das Haus unterkellert ist und die Abflussleitung an der Kellerdecke montiert werden kann.

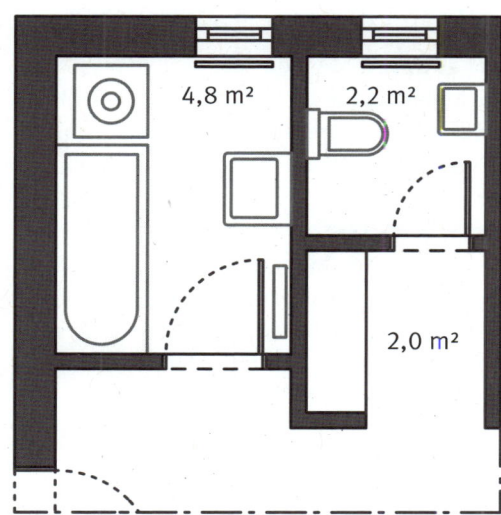

Das Badezimmer vor dem Umbau.

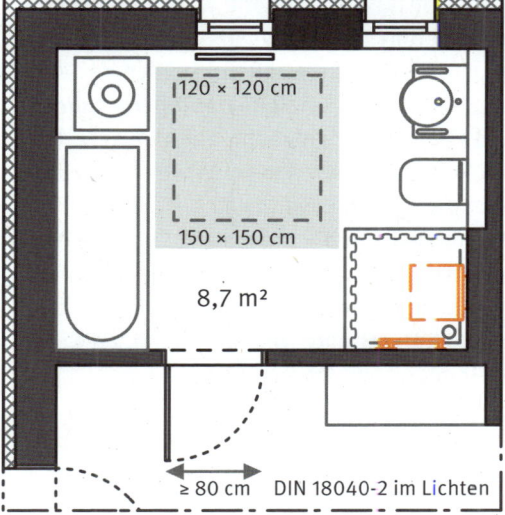

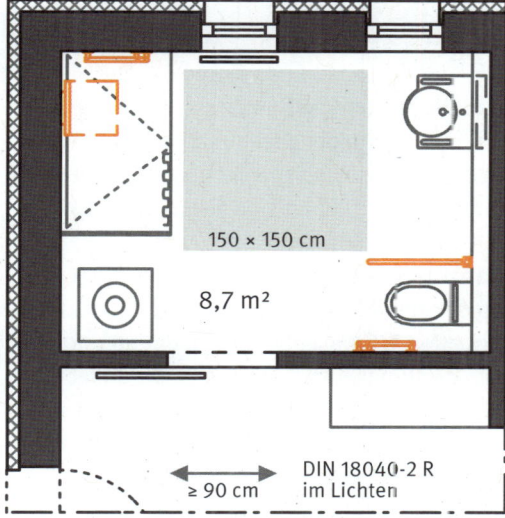

Die erste Variante für ein vergrößertes Bad.
Wo Haltegriffe und ein Sitz nachgerüstet werden
können, ist orange eingezeichnet.

Variante 2: ein rollstuhlgerechtes Bad. Die Dusche
ist größer, die Badewanne fehlt.

Der Umbau

Variante 1 – Das vergrößerte Bad: Im ersten Schritt werden die beiden Waschbecken, die Heizung und das WC mitsamt den alten Leitungen abgebaut. Ist der Estrich stark beschädigt, muss er ebenfalls raus, andernfalls kann er weitergenutzt werden. Nur im Duschbereich muss der Boden in jedem Fall vollständig aufgenommen werden, um dort später einen Gefälleestrich anlegen zu können. Die Wand zwischen WC und Garderobe wird herausgebrochen und die Wand zwischen Bad und WC/Garderobe bis auf Höhe der Badezimmertür entfernt. Die Wand neben der Badtür wird bis zur äußeren Garderobenwand verlängert. So entsteht ein neuer, 8,7 m² großer Raum. Das Reststück der Wand im Flur kann für eine neue, kleine Garderobe genutzt werden.

Badewanne und Waschmaschine bleiben an ihrem Platz. An der gegenüberliegenden Wand wird eine Vorsatzschale mit Installationselementen aufgestellt. Darin sind alle Zu- und Abflussleitungen und die Anschlüsse untergebracht. Das Waschbecken mit integrierten Griffen wird an der Innenwand neben dem Fenster auf Höhe des alten WC-Waschbeckens montiert und über neue Leitungen angeschlossen. Die Toilette liegt daneben. In die Zimmerecke kommt eine bodengleiche Dusche. Die Abwasserleitungen für Waschbecken, Toilette und Dusche werden zusammengefasst und über ein Rohr senkrecht entwässert. Dafür ist eine neue Kernbohrung erforderlich. Da Herr und Frau Fenn das Haus vor ein paar Jahren energetisch saniert haben, reicht ein Heizkörper vor dem Fenster aus. Durch die gewählte Anordnung haben sie viel Platz in der Zimmermitte gewonnen. Vor allen Sanitärobjekten ist ausreichend Bewegungsfläche vorhanden. Da der Flur breit ist, entscheiden sich Herr und Frau Fenn dafür, eine neue Badtür einbauen zu lassen, die nach außen aufschlägt. Nachdem die Wände versetzt und alle Sanitärobjekte angeordnet sind, müssen noch Boden und Wände neu gefliest werden.

Variante 2 – Das rollstuhlgerechte Bad: Für den Umbau zu einem rollstuhlgerechten Bad müssten alle Sanitärobjekte abgebaut werden. Um einen großen Raum zu bekommen, würden wie in Variante 1 der Estrich und die Wände entfernt werden. Links neben die Tür käme die Waschmaschine. Daneben wäre Platz für eine große bodengleiche Dusche, die mit einem Rollstuhl befahren werden kann. An die gegenüberliegende Wand käme das Waschbecken. Die Toilette wäre in der Ecke untergebracht. Ein Rollstuhlfahrer hätte somit genug Platz, um die Toilette seitlich anzufahren. An der offenen Seite der Toilette würde ein Klappgriff angebracht, dafür müsste das Vorwandinstallationselement verstärkt werden. An die Innenwand käme ein Stützgriff. Damit er sicher hält, müsste auch diese Wand verstärkt werden. Die Tür zum Bad würde auf 90 cm verbreitert und gegen eine Schiebetür ersetzt. Der Grund: Der große Türflügel würde weit in den Flur hineinragen.

Badvergrößerung im Obergeschoss, Einbau eines Hubliftes und einer Rampe

Frau Marini kann mit ihrer schmerzenden Hüfte kaum noch Treppen steigen. Schon die Stufe am Hauseingang macht ihr Probleme. Damit sie das Haus künftig auch mit einem Rollator betreten kann, soll am Eingang eine Rampe gebaut werden. Tagsüber hält sich Frau Marini ausschließlich im Erdgeschoss auf und geht nur zum Schlafen nach oben. Das ist keine Dauerlösung. Theoretisch könnte sie im Erdgeschoss schlafen. Das Arbeitszimmer wäre dafür groß genug. Das Problem ist das Gäste-WC. Mit seinen 1,6 m² ist es zu klein, um ein richtiges Bad einzubauen. Eine Vergrößerung kommt nicht in Frage, weil der angrenzende Hausanschlussraum für die Heizung benötigt wird. Frau Marini entschließt sich, einen Hublift einbauen zu lassen, der senkrecht nach oben fährt. Er hat den Vorteil, dass er auch mit einem Rollator oder Rollstuhl genutzt werden kann. Außerdem möchte sie das Bad im Obergeschoss umbauen. Es ist in die Jahre gekommen. Und in die enge Dusche kommt sie kaum noch hinein.

Die aktuelle Situation

Ein L-förmiger Gartenweg führt zum Haus von Herrn und Frau Marini und zur seitlich versetzt gelegenen Garage. Um zur Haustür zu gelangen, muss man eine hohe Stufen hochsteigen.

Das Haus hat einen nahezu quadratischen Grundriss. Von der Eingangstür kommt man ins Treppenhaus. Links neben der Tür führt eine breite Treppe nach oben, rechts gelangt man ins Gäste-WC. Von dort führt eine Schiebetür in den Hausanschlussraum, in dem Heizung und Waschmaschine stehen. Vom Treppenhaus gelangt man in die Diele, von der drei Türen abgehen. Die linke Tür führt ins Arbeitszimmer, die mittlere Tür in den offenen Wohn-Essbereich. Über die rechte Tür betritt man die Küche.

Im Obergeschoss gelangt man von der Treppe in einen kleinen Flur. Rechts geht das Bad ab. Mit knapp 10 m² Grundfläche ist es gar nicht so klein. Allerdings ist die Toilette durch Wände abgetrennt. Das war mit den Kindern praktisch, macht das Bad aber jetzt eng. Die Dusche ist in der Nische zwischen Toilette und

Außenwand eingebaut. Frau Marini hat Probleme, in die Duschwanne hineinzusteigen. Außerdem hätte sie gerne einen Sitz integriert, doch dafür ist die Dusche viel zu eng. Sie möchte eine große bodengleiche Dusche haben. Die Badewanne nutzt sie kaum, ihr Mann entspannt sich aber gerne bei einem heißen Bad. Er möchte nicht auf sie verzichten. Auch das Doppelwaschbecken hat sich bewährt. Es nimmt zwar Platz weg. Dafür kann sich Frau Marini in Ruhe schminken, während ihr Mann die Zähne putzt. Becken und Armaturen sind veraltet. An einer Stelle ist die Emaillebeschichtung abgeplatzt. Deshalb entscheidet sich Frau Marini für einen Austausch.

Das Bad grenzt an das Elternschlafzimmer. Frau Marini hätte gerne einen direkten Zugang, um nachts schneller auf Toilette gehen zu können. Die beiden Kinderzimmer wollen die Marinis erstmal unverändert lassen. Wenn ihre Söhne zu Besuch kommen, sollen sie eine Möglichkeit haben, sich zurückziehen zu können.

Diese Fragen müssen geklärt werden

■ Ist vor der Haustür genug Platz, um eine Rampe zu errichten?

■ Ist das Treppenhaus groß genug für einen Hublift? Für Standard-Hublifte ist eine Stellfläche von rund 150–150 cm notwendig. Bleibt nach dem Einbau genug Platz, um sicher und bequem ein- und aussteigen zu können?

■ Kann im Obergeschoss eine bodengleiche Dusche eingebaut werden? Der Estrich ist nicht hoch genug für die Entwässerung. Weil unter dem Bad das Gäste-WC und der Hausanschlussraum liegen, ist es jedoch kein Problem, die Rohre unter der Decke zu verlegen und die Decke abzuhängen.

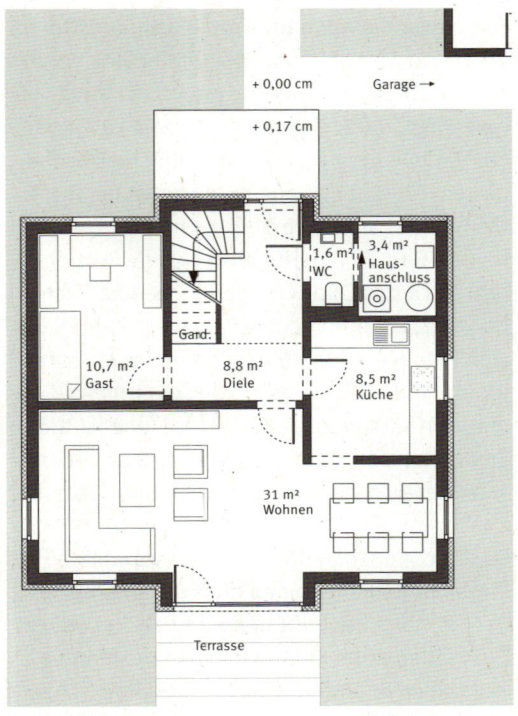

Das Erdgeschoss vor dem Umbau: Das WC lässt sich nicht in ein Bad umbauen.

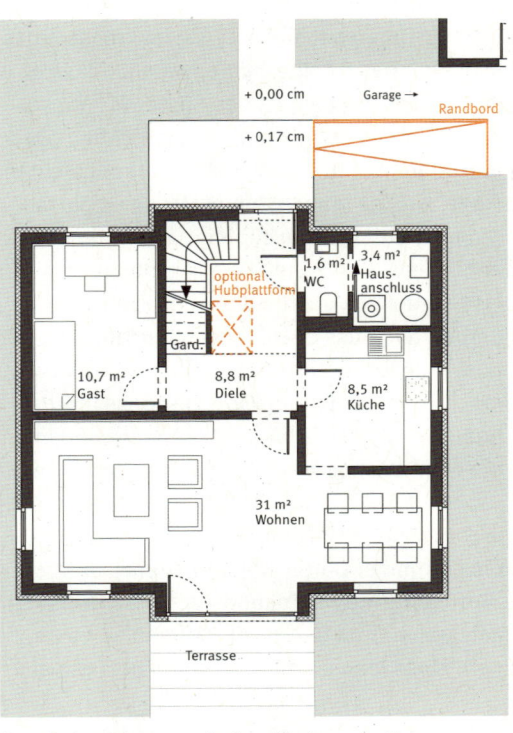

Das Erdgeschoss nach dem Umbau: Im Treppenhaus steht jetzt ein Lift.

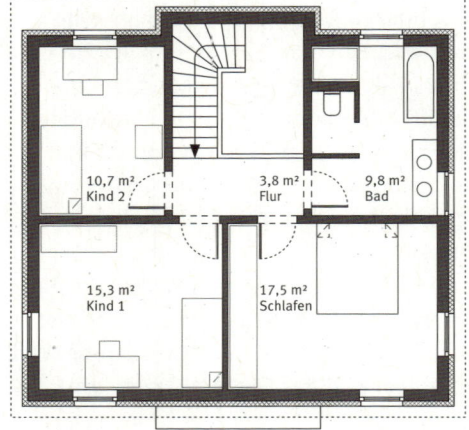

Das Obergeschoss vor dem Umbau: Das Bad ist groß, aber verbaut.

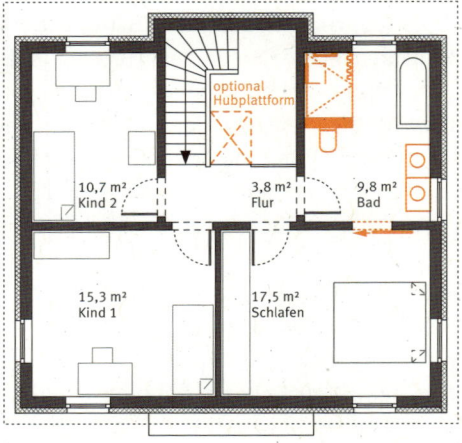

Das Obergeschoss nach dem Umbau: Endlich ist mehr Platz im Bad.

Der Umbau

Am Hauseingang ist genug Platz für eine Rampe. Sie könnte gegenüber der Haustür errichtet werden. Herr und Frau Marini entscheiden sich jedoch für eine andere Variante. Weil Frau Marini hauptsächlich mit dem Auto unterwegs ist, möchte sie einen kurzen Weg zur Garage haben. Sie lässt deshalb den Weg zur Garage verbreitern und im 90-Grad-Winkel zur Haustür die Rampe anbauen. Von der Rampe sind es so nur noch wenige Meter in die Garage. Weil die Rampe nicht in den ursprünglichen Weg hineinragt, kann dieser weiterhin ohne Einschränkungen genutzt werden. Das ist wichtig, weil Frau Marini ab und zu auch zu Fuß weggeht. Herr Marini wird von der Rampe nicht behindert. Er kann wie gewohnt die Stufe am Eingang hochsteigen. Die seitliche Anordnung hat noch einen weiteren Vorteil: Die Rampe ist von der Straße aus kaum zu sehen. Das ist Frau Marini sehr recht.

Damit sie auch weiterhin ins Obergeschoss kommt, wird im Treppenhaus ein Hublift eingebaut – Platz ist ausreichend vorhanden. Frau Marini entscheidet sich für einen sogenannten Durchlader: Sie kann die Plattform auf einer Seite betreten und auf der anderen aussteigen. Das ist praktisch, wenn sie nach Hause kommt und nach oben fahren möchte. So kann sie gerade auf die Plattform laufen und im Obergeschoss geradeaus in die Zimmer gehen. Um das Podest schwellenlos befahren zu können, wird die Hebebühne rund 10 cm in den Boden eingelassen. Aus Sicherheitsgründen ist der Lift mit Sicherheitsbügeln, Unterlaufschutz und einem Notstopp ausgestattet.

Im Bad im Obergeschoss werden zuerst die Toilette, die Dusche und der Waschtisch mitsamt den Leitungen entfernt, nur die Badewanne bleibt erhalten. Dann kommen die Trennwände zur Toilette sowie alle Wand- und Bodenfliesen heraus. Zwischen Bad und Schlafzimmer wird ein Durchbruch in die Wand geschlagen, um eine neue Tür einbauen zu können. Herr und Frau Marini entscheiden sich für eine Schiebetür, weil sie weniger Platz wegnimmt als eine Flügeltür. Außerdem ist ihnen diese Variante sicherer. Stürzt einer von ihnen im Bad, kann er nicht die Tür blockieren.

An die Wand gegenüber der Badewanne kommt eine große bodengleiche Dusche. Frau Marini wählt eine Regenwalddusche aus. Die findet sie besonders angenehm. Um sitzen zu können, lässt sie an der Treppenhauswand einen Klappsitz montieren. Frau Marini fürchtet, irgendwann auf einen Rollator angewiesen zu sein. Deshalb entscheidet sie sich für eine Duschwand ohne Schwallleiste, bei der sich die Türen vollständig an die Wand klappen lassen. Das sichert ihr zusätzlich Bewegungsraum. Für den Fall der Fälle kann die Wand demontiert und stattdessen ein Duschvorhang eingebaut werden. An der Längsseite wird die Dusche durch ein Vorwandinstallationselement begrenzt, an dem die Toilette angebracht ist. An die Stelle des alten Waschtischs kommt ein neues, flaches Modell. Damit Frau Marini bequem am Waschbecken sitzen kann, wird es in 80 cm Höhe mit einem Unterputzsiphon eingebaut. Zum Abschluss werden Boden und Wände neu gefliest.

Das Reihenendhaus: Ein Anbau ermöglicht Wohnen im Erdgeschoss

Herrn Kowalski macht seine Arthrose zunehmend Probleme. Noch kommt er ganz gut zurecht, er weiß aber, dass er langfristig auf eine Gehhilfe angewiesen sein wird. Das Reihenhaus möchte er nicht aufgeben. Er wohnt gerne in der Siedlung. Die Nachbarn sind Freunde, ihre Kinder wurden gemeinsam groß. Außerdem möchte Herr Kowalski auch weiterhin Platz für seine Enkel haben. Im Moment fühlt er sich fit genug für einen größeren Umbau. Deshalb entscheidet er sich mit seiner Frau dafür, ihn jetzt in Angriff zu nehmen. Herr Kowalski möchte das Haus so umbauen, dass er die Möglichkeit hat, im Erdgeschoss zu wohnen, falls ihm die Treppe ins Obergeschoss irgendwann Schwierigkeiten bereitet. Außerdem möchte er den Eingangsbereich umgestalten, damit er auch mit einem Rollator ins Haus gelangen kann. Frau Kowalski wünscht sich, die Küche zu öffnen. Ihr ist es beim Kochen viel zu eng. Sie träumt schon lange von einer Kochinsel, um endlich mit Freunden zusammen kochen zu können. Herr und Frau Kowalski engagieren einen Architekten mit der Planung.

Die aktuelle Situation

Um zum Haus von Familie Kowalski zu gelangen, muss man durch einen Vorgarten gehen. Zwei jeweils 16 cm hohe Stufen führen zur Eingangstür. Noch kann Herr Kowalski die Stufen hochgehen. Er rechnet aber damit, dass ihm das künftig immer schwerer fallen wird. Deshalb möchte er eine Rampe errichten lassen. Doch dafür ist der Vorgarten zu klein – oder die Rampe würde zu steil. Eine andere Lösung muss her.

Die Haustür führt in einen schmalen Flur. Rechts hinter der Tür liegt das 1,8 m² große Gäste-WC. Es ist viel zu eng, um sich darin mit einer Gehhilfe zu bewegen. Neben dem WC befindet sich eine kleine Abstellkammer, dann folgt die Treppe. Links neben der Eingangstür führt eine Tür in die schmale Küche. Daneben liegt der offene Wohn-Essbereich.

Im Obergeschoss reihen sich im Uhrzeigersinn ein Bad, das Elternschlafzimmer und die beiden Kinderzimmer aneinander. Die Aufteilung im ersten Stock gefällt Herrn und Frau Kowalski nach wie vor gut. Hier soll sich nichts ändern. Noch kann Herr Kowalski die Treppe nach oben gehen. Falls das irgendwann nicht mehr klappt, will er ins Erdgeschoss ziehen (Umbau 2).

Der Architekt schlägt vor, den Eingang über einen Anbau neu zu gestalten. An der Westseite des Hauses wäre dafür genug Platz. Der Anbau müsste zurückversetzt liegen, um eine ausreichend lange Rampe mit Podest anbauen zu können. Durch die Versetzung des Eingangs könnte der enge Hausflur aufgelöst werden. Dann wäre im Erdgeschoss Platz für ein großes Bad mit bodengleicher Dusche. Ein Teil des Wohn-Essbereichs könnte abgetrennt werden, um ein Schlafzimmer zu schaffen. Die Küche könnte zum Esszimmer hin geöffnet werden. Herrn und Frau Kowalski gefallen die Vorschläge gut. Sie entscheiden sich dafür, zunächst den Eingangsbereich, das Bad und die Küche umzubauen. Weil sie das Schlafzimmer im Erdgeschoss noch nicht brauchen, verschieben sie diesen Umbau auf später.

Diese Fragen müssen geklärt werden

- Darf ein Anbau errichtet werden? Eine Erweiterung des Hauses ist in der Regel genehmigungspflichtig. Die örtliche Baubehörde gibt Auskunft.
- Kann die Küchenwand problemlos entfernt werden oder handelt es sich um eine tragende Wand? Ist Letzteres der Fall, muss ein Statiker eingeschaltet werden.
- Kann die Wand zwischen Gäste-WC und Abstellkammer ebenso ohne weiteres entfernt werden?
- Wie können die Zugänge vom Anbau zum Haus und vom Wohn-Essbereich zum Treppenhaus gestaltet werden? Sind zusätzliche Türen notwendig?
- Lässt sich im Bad eine bodengleiche Dusche einbauen? Der Bodenaufbau ist hoch genug für die Entwässerung.

Der Umbau

An der Westseite des Hauses, einige Meter zurückversetzt von der Vorderseite, wird ein Anbau errichtet. Er besteht aus einem rund 5 m² großen Raum, der als Eingang und Windfang dient. Durch die Versetzung des Eingangs ist vor der Haustür genug Platz für eine längere Rampe mit Podest. Die Steigung von 6 Prozent lässt sich sowohl mit einem Rollator als auch mit einem Rollstuhl bewältigen. Das Podest wird überdacht, um den schwellenfrei gestalteten Eingang vor Nässe zu schützen. Außerdem kann man so im Trockenen die Haustür aufschließen. Hinter der Tür liegt ein kleiner Vorraum, der genug Platz bietet, um einen Rollator oder Rollstuhl zu parken. Das hat den Vorteil, dass der Straßendreck nicht ins Haus gebracht wird. Von diesem Vorraum aus betritt man über eine Schiebetür den Wohnbereich. Dafür ist in der Außenwand zwischen Wohn-Essbereich

und Küche ein Durchbruch notwendig. Weil ein Teil der tragenden Wand entfernt wird, muss ein Statiker eingeschaltet werden.

Dagegen ist es kein Problem, die nichttragende Wand zwischen Küche und Wohn-Esszimmer zu entfernen. So bekommt Frau Kowalski Platz, eine Kochinsel aufzustellen. Wo vorher der Herd eingebaut war, hat sie nun eine durchgängige Arbeitsplatte. Die Kochinsel wird zur „Halbinsel" und geht in die Arbeitsplatte über, damit Frau Kowalski schwere Töpfe vom Herd zur Spüle ziehen kann, statt sie heben zu müssen. Die frühere Küchentür wird geschlossen, da sie nicht mehr als Durchgang zum Flur benötigt wird. Das schafft mehr Platz in der Küche und dem neuen Bad.

Um einen direkten Zugang vom Essbereich ins Treppenhaus zu bekommen, wird dort ein Durchbruch durch die Wand geschlagen. Auch hier muss ein Bauingenieur die Statik prüfen, weil es sich um eine tragende Wand handelt. Dank des Durchbruchs haben Herr und Frau Kowalski einen kurzen Weg vom Eingang zum Treppenhaus. Der Durchgang ist außerdem wichtig, um später einen Teil des Wohnzimmers als Schlafzimmer abtrennen zu können (Umbau 2). Würde er fehlen, könnte der Wohn-Essraum nur über das neue Schlafzimmer betreten werden. Das will Herr Kowalski auf keinen Fall.

Die frühere Eingangstür wird ausgebaut und die Wand teilweise geschlossen. An die Stelle kommt ein großes Fenster. Es ersetzt das frühere, sehr kleine Fenster im Gäste-WC. Um das Bad zu vergrößern, werden die Wände zum Flur und zur Abstellkammer entfernt. Da es sich um nichttragende Wände handelt, ist das ohne großen Aufwand möglich. In die Wand zwischen Abstellkammer und Treppenhaus wird eine nach außen aufschlagende Badtür eingebaut. Sie versperrt in geöffnetem Zustand zwar den Treppenaufgang. Herr und Frau Kowalski entscheiden sich aus Sicherheitsgründen trotzdem für diese Variante. Falls einer von ihnen im Bad stürzt, kann er nicht die Tür blockieren. So ist es leichter, Hilfe zu leisten.

Das neu entstandene Bad ist 5,8 Quadratmeter groß. Die alten Sanitärobjekte, Boden- und Wandfliesen werden entfernt. Herr und Frau Kowalski wählen einen flachen Waschtisch mit Unterputzsiphon aus, an dem man sich auch im Sitzen waschen kann. Waschtisch und Toilette werden an einem Vorwandinstallationselement montiert, das Rohre samt Spülkasten elegant verschwinden lässt. Neben den Waschtisch kommt eine bodengleiche Dusche. Gegenüber der Toilette wird die Waschmaschine aufgestellt. Wird im Bad mehr Platz benötigt, könnte sie alternativ in der Küche stehen (Umbau 2). Zum Abschluss wird das Bad neu gefliest. Damit ist der Umbau abgeschlossen.

Falls Herr Kowalski eines Tags ins Erdgeschoss ziehen muss, wären keine weiteren Umbauarbeiten notwendig. Um ein Schlafzimmer einzurichten, würde es genügen, im jetzigen Wohnzimmer zwischen den Fenstern eine Möbelwand aufzustellen. Im neuen Wohnzimmer wäre dann zwar nicht mehr genug Platz für die komplette Couch-Garnitur. Ein Zweisitzer, Sessel und Tisch würden aber hineinpassen. Die Zimmer entsprechend umzuräumen geht schnell. Herr und Frau Kowalski sind froh, dass sie nun für den Fall der Fälle gewappnet sind.

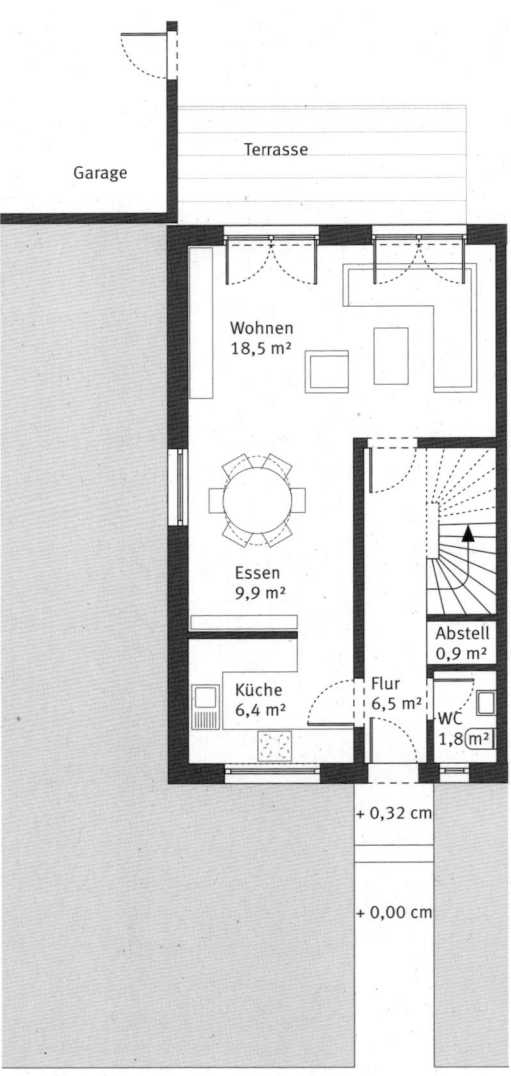

Erdgeschoss vor dem Umbau: Zum Eingang führen Stufen, das Bad ist zu klein.

Garage

Terrasse

Wohnen
18,5 m²

Flur
3,3 m²

Eingang
5,2 m²

Essen
9,1 m²

Küche
7,4 m²

Bad
5,8 m²

Vordach

6 %
Rampe

Erdgeschoss nach dem Umbau: Der Anbau ermöglicht einen barrierefreien Zugang – und Platz für ein großes Bad.

Garage

Terrasse

Pflege
7,8 m²

Möbel/
Wand

Flur
3,3 m²

Eingang
5,2 m²

Wohnen/Essen
19,9 m²

Küche
7,4 m²

Bad
5,3 m²

Vordach

6 %
Rampe

Im Fall der Fälle kann ein Schlafzimmer abgetrennt werden.

Erdgeschoss abtrennen – Das Obergeschoss wird zur Einliegerwohnung

Frau Molina hält sich seit dem Tod ihres Mannes die meiste Zeit des Tages im Erdgeschoss auf. Nach oben geht sie eigentlich nur noch zum Schlafen. Deshalb überlegt sie, das Obergeschoss abzutrennen. Fremde Leute möchte sie nicht im Haus haben. Das wäre auch schwierig, weil sich im ersten Stock nicht ohne weiteres eine Wohnungstür einziehen lässt. Das Obergeschoss könnte aber in eine Einliegerwohnung umgebaut werden. Das würde sich anbieten, weil Frau Molinas Tochter seit einigen Monaten von ihrem Mann getrennt lebt. Sie könnte oben einziehen. Mutter und Tochter hätten ihr eigenes Reich, könnten sich aber regelmäßig sehen. Falls die Tochter eines Tages wieder auszieht und Frau Molina mehr Hilfe benötigt, könnte eine Haushaltshilfe oder eine Pflegekraft die Einliegerwohnung nutzen.

Die aktuelle Situation

Betritt man Frau Molinas Haus, steht man in einer länglichen Diele. Von ihr gehen die Zimmer und das Treppenhaus ab. Rechts neben der Eingangstür liegt das Gäste-WC, das in einen Hauswirtschaftsraum übergeht. Dort stehen Waschmaschine und Trockner. An diese Räume schließt die Küche an, die durch eine Flügeltür mit dem offenen Ess-/Wohnzimmer verbunden ist. Zwischen dem Ess- und dem Wohnbereich führt eine Terrassentür nach draußen. Links neben der Eingangstür liegt ein Hausanschlussraum, daneben befindet sich das Treppenhaus.

Die Treppe führt im ersten Stock in einen kleinen Flur. Linkerhand liegt ein Kinderzimmer, im Uhrzeigersinn schließen sich das Elternschlaf-

zimmer, das zweite Kinderzimmer und das Bad mit Badewanne an. Frau Molina möchte das Bad im Erdgeschoss vergrößern und ein Schlafzimmer einziehen. Im Obergeschoss soll eine Küche eingebaut werden.

Diese Fragen müssen geklärt werden:

- Im Bad im Erdgeschoss soll eine bodengleiche Dusche eingebaut werden. Da das Haus nicht unterkellert ist, muss geprüft werden, wie die Entwässerung sichergestellt werden kann.
- Im Wohn-Essbereich soll ein Schlafzimmer abgetrennt werden. Welche Möglichkeiten gibt es?
- Im Obergeschoss soll eine Küche eingebaut werden. Lassen sich vorhandene Anschlüsse nutzen?

Der Umbau

Da Frau Molina mit ihrer Tochter zusammenzieht, muss sie die Wohnungen nicht vollständig voneinander trennen. Das macht den Umbau deutlich einfacher, weil der Grundriss unverändert bleiben kann. Um im Erdgeschoss eine Dusche einbauen zu können, wird der Hauswirtschaftsraum aufgelöst. Der Trockner kommt in den Hausanschlussraum, die Waschmaschine an die Wand neben der Toilette. Die bodengleiche Dusche wird in der Ecke zwischen Küche und Außenwand eingebaut. Dafür muss der Boden aufgenommen und ein Gefälleestrich angelegt werden. Die Entwässerung stellt kein Problem dar, da der Bodenaufbau hoch genug für die Leitungen ist. Die vorhandene Entwässerungsleitung der Waschmaschine ist so groß, dass zusätzlich eine Dusche angeschlossen werden kann. Um auch mit einer Gehhilfe viel Platz zum Duschen zu haben, entscheidet sich Frau Molina gegen

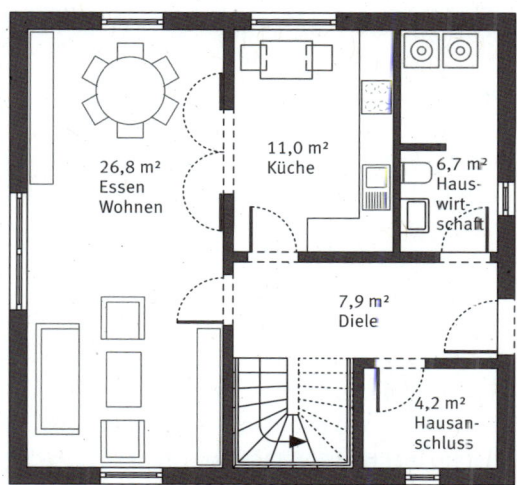

Das Erdgeschoss vor dem Umbau: Platz ist das, nur die Aufteilung stimmt noch nicht.

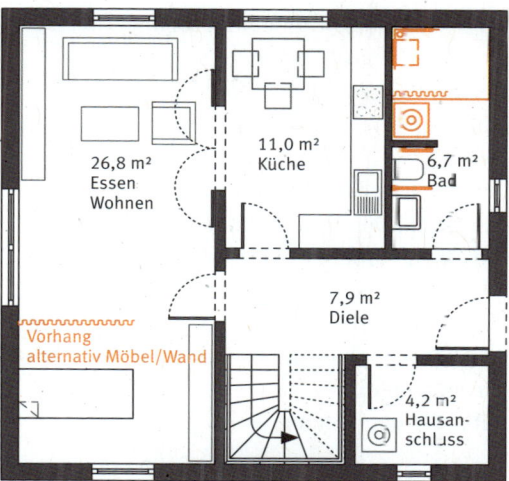

Das Erdgeschoss nach dem Umbau: Das Bad ist größer und ein Schlafplatz vorhanden.

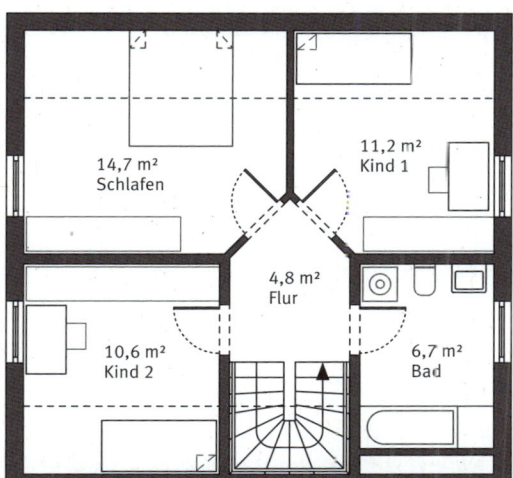

Obergeschoss vor dem Umbau: Bisher liegen dort nur die Schlafzimmer und das Bad.

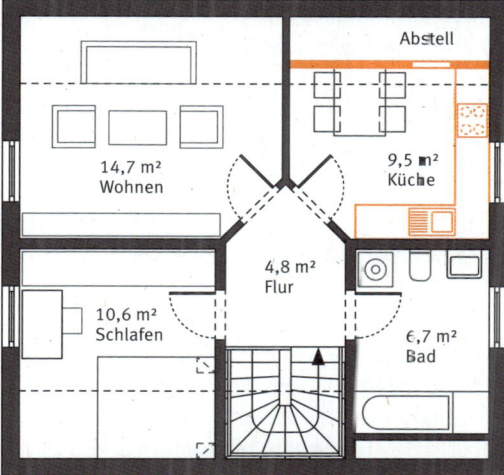

Nach dem Umbau: Mit einer neuen Küche wird das Obergeschoss zur abgetrennten Wohnung.

eine feste Duschwand und bringt stattdessen einen Duschvorhang an. Neben der Toilette lässt sie die Wand verstärken, um bei Bedarf Haltegriffe nachrüsten zu können.

Die restlichen Räume im Erdgeschoss müssen nur neu möbliert werden. In der Küche stellt sie einen größeren Tisch und einen dritten Stuhl auf. Das frühere Esszimmer wird zum neuen Wohnzimmer. Der große Esstisch kommt raus, Sofa und Sessel werden umgestellt. Weil die Flügeltür zur Küche meistens offen steht, wirkt der Raum immer noch großzügig.

Frau Molina verzichtet darauf, eine neue Wand einzuziehen, um einen abgetrennten Schlafbereich zu schaffen. Stattdessen stellt sie neben der Balkontür einen Raumteiler auf. Da sie alleine in der Wohnung lebt, reicht ihr das aus. Der so abgetrennte Bereich ist groß genug für ein Bett und einen Kleiderschrank.

In der oberen Wohnung lässt Frau Molina im früheren Kinderzimmer neben dem Bad eine Küche einbauen. Das hat den Vorteil, dass die Anschlüsse aus dem Bad für die Küche mitgenutzt werden können. In der Küche wird eine Wand eingezogen, um Stauraum zu schaffen.

Außerdem lässt Frau Molina eine neue Klingelanlage mit zwei Klingeln einbauen, damit sie nicht jedes Mal die Tür öffnen muss, wenn ihre Tochter Besuch bekommt. Weitere Umbauten sind nicht notwendig. Das Bad bleibt unverändert. Das frühere Kinderzimmer neben dem Treppenhaus wird zum Schlafzimmer, das größere Elternschlafzimmer zum neuen Wohnzimmer. Frau Monlinas Tochter kann nach wenigen Wochen in die neue Wohnung einziehen.

Teilung des Hauses in zwei Wohnungen

Herr und Frau Zeidler brauchen nicht mehr so viel Platz. Seit die Kinder aus dem Haus sind, nutzen sie die obere Etage ihres Hauses nur noch zum Schlafen. Die Kinderzimmer stehen abgesehen von einigen zurückgelassenen Möbeln leer. Herr und Frau Zeidler ertappen sich dabei, wie sie die Zimmer immer mehr als Abstellkammer für Gartenstühle und andere Gegenstände nutzen. Das finden sie Verschwendung. Deshalb möchten sie ins Erdgeschoss ziehen und das Obergeschoss vermieten. Das Haus bietet sich dafür an. Im Erdgeschoss liegen drei Zimmer, eine geräumige Küche und ein Vollbad. Außerdem verfügt das Haus über ein abgeschlossenes Treppenhaus, was die Teilung vereinfacht. Herr und Frau Zeidler entscheiden sich für eine grundlegende Modernisierung des Hauses. Sie möchten es energetisch sanieren und anschließend teilen. Sie beauftragen einen Architekten, den Umbau zu planen. Da sie sichergehen möchten, möglichst lange in dem Haus wohnen bleiben zu können, bitten sie den Architekten, einen Vorschlag zu erarbeiten, wie die Wohnung im Erdgeschoss im Pflegefall genutzt werden könnte.

Die aktuelle Situation

Betritt man das Haus von Familie Zeidler, steht man direkt im Treppenhaus. Vier Stufen führen zur Wohnungstür im Erdgeschoss. Das könnte schwierig werden, wenn Herr oder Frau Zeidler irgendwann mal nicht mehr so recht laufen können.

Hinter der Wohnungstür liegt ein rechteckiger Flur, von dem alle Zimmer abgehen. Links neben der Wohnungstür ist die Küche, daneben befindet sich das Badezimmer mit

Badewanne. Im Uhrzeigersinn schließen sich das Gäste-/Arbeitszimmer und das Wohnzimmer an. Vom Wohnzimmer führt eine Tür zur Veranda, von dort geht es auf die Terrasse. Die Terrassentür hat eine hohe Schwelle, um die Innenräume vor eindringender Nässe von außen zu schützen. Frau Zeidler findet es lästig, immer über die Schwelle steigen zu müssen. Im Zuge der Fassadendämmung soll der Übergang zur Terrasse deshalb ebenerdig gestaltet werden.

An das Wohnzimmer schließt das Esszimmer an. Beide Räume sind durch eine Doppelflügeltür verbunden, die in der Regel offen steht. So wirken die Zimmer größer. Das gefällt Herrn und Frau Zeidler gut, deshalb möchten sie Ess- und Wohnzimmer in dieser Form erhalten. Im Bad könnten sie mehr Platz gebrauchen. Sie entscheiden sich dafür, die Badewanne gegen eine bodengleiche Dusche auszutauschen und Toilette und Waschbecken neu anzuordnen.

Das Obergeschoss ist von der Raumaufteilung identisch. Die Wohnungstür führt in den Flur, von dem links ein Hauswirtschaftsraum abgeht. Daneben liegt das Bad mit Dusche. Dann folgen ein Kinderzimmer, das Elternschlafzimmer und das zweite Kinderzimmer. Vom Schlafzimmer der Eltern geht ein Balkon ab, den Herr und Frau Zeidler bislang aber wenig genutzt haben und der saniert werden muss.

Diese Fragen müssen geklärt werden
- Darf das Haus aufgeteilt werden? Ist dafür eine Baugenehmigung erforderlich? Die Bauaufsicht der Gemeinde kann Auskunft geben.
- Wie lassen sich Wasser, Strom und Heizung getrennt abrechnen? Der Wärmeverbrauch

kann an den Heizkörpern abgemessen werden. Um den Wasser- und Stromverbrauch zu ermitteln, werden in beiden Wohnungen Strom- und Wasserzähler eingebaut.
- Kann im Erdgeschoss eine bodengleiche Dusche eingebaut werden? Da das Haus auf felsigem Untergrund steht, gibt es nur einen Kriechkeller.
- Wie lässt sich ein schwellen- und stufenloser Zugang schaffen?

Der Umbau
Herr und Frau Zeidler sind gut zu Fuß. Deshalb rät ihnen der Architekt, den Zugang zur Wohnung vorerst unverändert zu lassen. Sie tauschen lediglich die Tür zum Treppenhaus gegen eine stabile, abschließbare Wohnungstür aus. Falls sie irgendwann auf eine Gehhilfe angewiesen sein sollten und Probleme mit den Stufen haben, können sie das Haus über den Garten betreten. Der Höhenunterschied zwischen Gartenweg und Terrasse ließe sich dann mit Hilfe eines Hubliftes ausgleichen. Dafür wird schon jetzt ein Stromanschluss gelegt. Um von der Terrasse ins Haus zu kommen, muss die hohe Schwelle an der Terrassentür beseitigt werden. Da sich Frau Zeidler oft über die Schwelle ärgert, entscheidet sie sich dafür, diese Arbeit schon jetzt in Auftrag zu geben. Auch in der Wohnung lassen Herr und Frau Zeidler alle Türschwellen entfernen. Das bietet sich an, weil die alten Holzdielen des Hauses sowieso abgeschliffen werden müssen.

Am aufwändigsten ist der Badumbau. Badewanne, Toilette und Waschbecken müssen entfernt und neue Leitungen verlegt werden. Das Fenster wird etwas verkleinert, um Platz für die Dusche zu schaffen. Außerdem wird die Tür seitlich versetzt. Damit sie nicht mehr in den

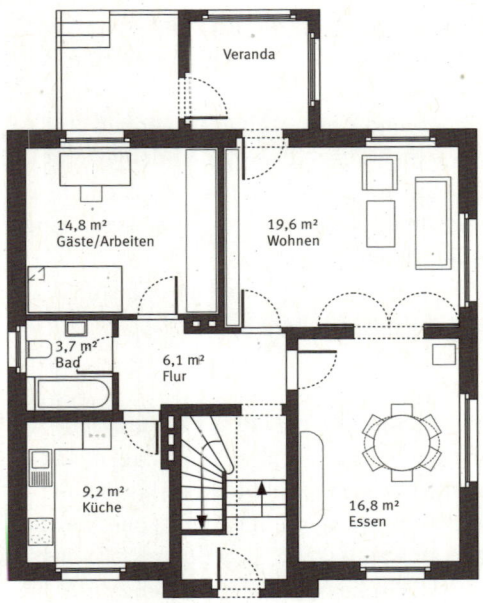

Das Erdgeschoss vor dem Umbau: Das Bad ist etwas eng.

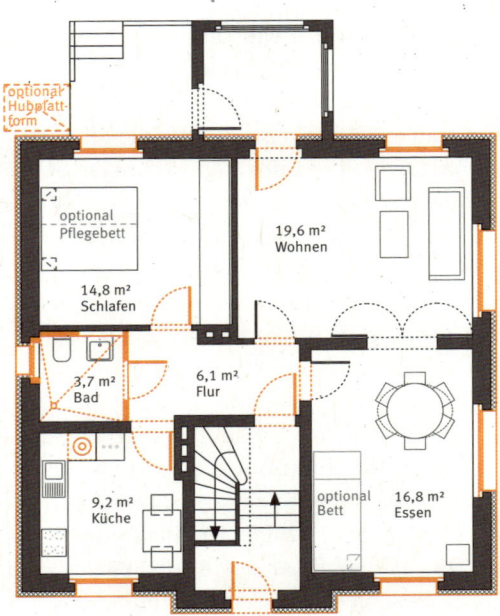

Das Erdgeschoss nach dem Umbau: Mehr Platz im Bad und schwellenfreie Türen schaffen mehr Wohnkomfort.

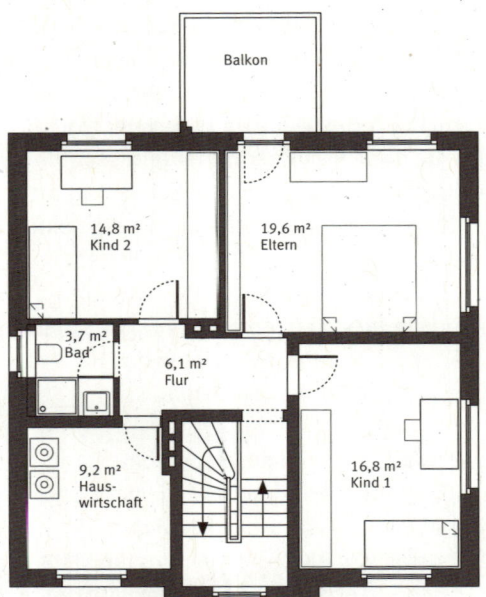

Das Obergeschoss vor dem Umbau: Eine klassische Schlafetage.

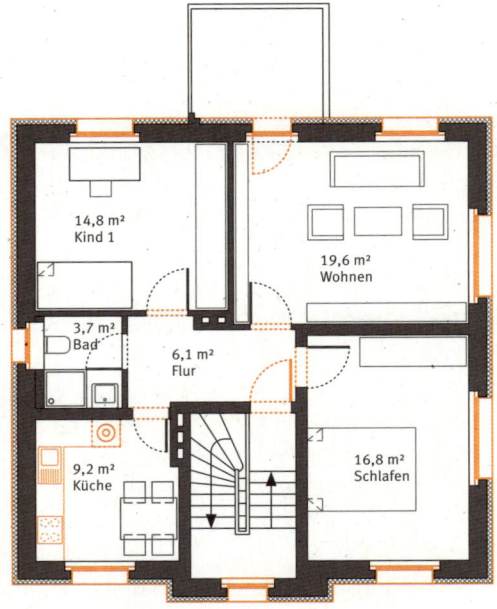

Das Obergeschoss nach dem Umbau: Hier kann eine Familie einziehen.

Raum hineinragt und Platz wegnimmt, wird sie gegen eine nach außen aufschlagende Tür getauscht. Der Boden muss aufgenommen werden, um eine bodengleiche Dusche einbauen zu können. Dafür muss ein Gefälleestrich angelegt werden. Die Dusche kommt in die Ecke zwischen Küchen- und Außenwand. An der tragenden Außenwand lassen sich bei Bedarf problemlos Haltegriffe anbringen. Die Entwässerung der Dusche ist vergleichsweise einfach, weil die Abwasserleitung im Kriechkeller verlegt werden kann. Waschbecken und Toilette werden an einem Installationselement mit geringer Tiefe an der Seite zum früheren Gäste-/Arbeitszimmer montiert. Herr und Frau Zeidler lassen das Installationselement schon jetzt mit Traversen verstärken, um auch dort Griffe nachrüsten zu können. Weitere Umbauten sind im Erdgeschoss nicht notwendig. Die Räume müssen nur neu eingerichtet werden. Die Waschmaschine kommt vom Hauswirtschaftsraum im Obergeschoss in die Küche. Das frühere Gäste-/Arbeitszimmer wird zum neuen Schlafzimmer mit Doppelbett. Das Wohnzimmer bleibt unverändert. Im Esszimmer wird der Tisch umgestellt, um Platz für eine Kommode zu schaffen.

Falls Herr oder Frau Zeidler einmal dauerhaft auf Hilfe angewiesen sein werden, müssen sie noch einmal umräumen. Der Grund: Steht ein Doppelbett im Schlafzimmer, bleibt nicht genug Platz für die Pflege. Deshalb müsste das Doppelbett einem Pflegebett weichen. Das zweite Bett käme ins Esszimmer, wo zurzeit die Kommode steht. Da sich die Flügeltür zum Wohnzimmer schließen lässt und so ein abgetrenntes Schlafzimmer entsteht, könnten Herr und Frau Zeidler gut mit dieser Lösung leben.

Im Obergeschoss wird die bisherige Zimmertür zum Treppenhaus gegen eine stabile, abschließbare Wohnungstür getauscht. In den früheren Hauswirtschaftsraum kommt eine Küche mit Waschmaschine. Das bietet sich an, weil dort bereits Wasser- und Stromanschlüsse liegen. Das Bad und das angrenzende Kinderzimmer können unverändert bleiben. Das frühere Elternschlafzimmer wird zum Wohnzimmer, das zweite Kinderzimmer zum Elternschlafzimmer umfunktioniert. Da Herr und Frau Zeidler im Obergeschoss alle Böden erneuern, lassen sie auch dort die Türschwellen beseitigen. Außerdem entscheiden sie sich, den Balkon zu sanieren (siehe Seite 75).

Smart Home – mit Tablet alles im Griff.

Smart Home – intelligent wohnen

Der Begriff Smart Home steht für die Idee, Hausautomatisierung, Hauselektronik und Kommunikation intelligent zu vernetzen. Ziel ist, das Leben zu Hause komfortabler und sicherer zu machen und gleichzeitig Energie zu sparen.

Eine typische Smart-Home-Anwendung ist die automatische Regelung der Heiztemperatur in einzelnen Räumen. Statt die Thermostate per Hand auf- und zudrehen zu müssen, übernehmen sogenannte Raumregler und -thermostate diese Aufgabe. Fühler in den Räumen messen die Temperatur und senden die Werte in regelmäßigen Abständen an eine zentrale

Beispiel

Frau Erdmann ärgert sich regelmäßig, weil sie vor dem Lüften vergisst, alle Heizkörperventile zuzudrehen. Die kalte Luft strömt ins Zimmer, die Thermostatventile erhöhen die Warmwassermenge, der Heizkörper wird heiß und die teuer erzeugte Wärme entweicht nach draußen. Frau Erdmann ist es leid, die Umwelt zu heizen. Sie möchte eine Haussteuerung einbauen lassen: Steht das Fenster offen, schalten sich die Thermostatventile automatisch ab. Herr und Frau Erdmann hätten außerdem gerne eine automatische Temperatursteuerung für die verschiedenen Zimmer. So könnten sie einstellen, dass es morgens und abends im Bad schön warm ist, zwischendurch aber nur wenig geheizt wird. Weil sie nicht mit verschiedenen Steuerungssystemen zu tun haben möchten, entscheiden sich die Erdmanns für eine Smart-Home-Lösung. Ihnen gefällt, dass sie das System nach und nach erweitern können.

Steuereinheit. Ist es in einem Zimmer kälter als vorher festgelegt, öffnet die Steuereinheit die entsprechenden Thermostatventile, bis die gewünschte Temperatur erreicht ist. Über eine solche Steuerung lassen sich nicht nur individuelle Raumtemperaturen einstellen. Sie können zum Beispiel auch festlegen, dass es morgens zwischen 6 und 8 Uhr und abends zwischen 22 und 24 Uhr im Bad 24 Grad Celsius warm sein soll, die Temperatur aber in der restlichen Zeit auf 19 Grad fällt. Berufstätige möchten es morgens zum Frühstück zu Hause warm haben und abends, wenn sie nach Hause kommen. Zwischendurch darf es ruhig ein paar Grad kälter sein. Zusätzlich oder alternativ können Bewegungsmelder angebracht werden, die feststellen, ob ein Raum genutzt wird. Befinden sich Menschen im Zimmer, fährt die Temperatur hoch. Bewegt sich dort über längere Zeit niemand, schaltet die Heizung runter.

Eine weitere weit verbreitete Anwendung ist die Lüftungskontrolle. Steht ein Fenster offen, schließt automatisch das Thermostatventil der Heizung, damit nicht aus Versehen zum Fenster hinaus geheizt wird. Ein intelligentes System kann dafür sorgen, dass im Sommer die Fenster am Morgen öffnen, damit das Haus abkühlt. Und dass tagsüber – je nach Sonnenstand – automatisch die Rollos herunterfahren, um ein Aufheizen zu verhindern.

Die Hausautomation alleine macht aber noch kein smartes Haus aus. Eine elektrische Rollladensteuerung oder eine Einzelraumregelung der Temperatur können auch getrennt voreinander eingebaut werden – mit unterschiedlichen Steuerungssystemen. In intelligenten Häusern wird versucht, das zu vermeiden. Ziel

ist, möglichst viele Anwendungen miteinander zu verknüpfen und über eine zentrale Steuereinheit zu bedienen.

Diese Steuereinheit – der sogenannte Gateway – bildet das Gehirn des intelligenten Hauses. Dabei handelt es sich um einen Computer, auf dem alle Informationen zusammenlaufen und der die Kommunikation der Geräte untereinander ermöglicht. Häufig wird im Eingangsbereich ein Touch-Monitor aufgestellt, auf dem die Bewohner den Status des Hauses – zum Beispiel Zimmertemperaturen, offene Fenster, Stromverbrauch – angezeigt bekommen und über den sie das Haus steuern können. Das geht aber genauso gut über ein Smartphone oder einen Tablet-Computer.

Damit Steuereinheit und Endgeräte miteinander kommunizieren können, müssen sie vernetzt sein. Die Verbindung kann per Kabel, Funk oder über das Stromnetz erfolgen. Kabel bieten eine schnelle Datenübertragung und sind wenig störanfällig. Sie müssen allerdings in den Wänden verlegt werden. In Neubauten ist eine Verkabelung kein Problem. Zur Nachrüstung eignen sich kabelgebundene Systeme aber nur dann, wenn das Haus umfassend saniert wird. Sonst ist der Umbauaufwand zu groß. Eine Alternative sind funkgesteuerte Systeme. Sie lassen sich einfach nachträglich installieren, weil nicht in die Gebäudesubstanz eingegriffen werden muss. Die meisten Funksysteme benötigen allerdings Batterien, was den Wartungsaufwand erhöht. Kabel und Funk können auch miteinander kombiniert werden.

Eine dritte Möglichkeit ist, das vorhandene Stromnetz zur Datenübertragung zu nutzen (Powerline). Dafür benötigen Sie spezielle

Tipp

Um zu vermeiden, dass Sie plötzlich nicht mehr das Licht ausstellen oder den Rollladen hochfahren können, sollten Sie bei funkgesteuerten Systemen Reservebatterien bereitlegen. Oder Sie greifen zu einer Funklösung, die ohne Batterien auskommt. Bei diesem System sind die einzelnen Komponenten allerdings etwas teurer.

Adapter, die in die Steckdosen gesteckt werden und durch ein Netzwerkkabel mit dem Computer verbunden sind. Die Daten stehen dann in jedem Zimmer mit einer Steckdose zur Verfügung. Auch eine solche Nachrüstung ist einfach möglich.

Für das vernetzte Haus brauchen Sie schließlich noch Endgeräte, die sich automatisch steuern lassen. Wer noch keinen elektrischen Rollladenantrieb hat, muss Motoren nachrüsten. Und nur elektronische Thermostatventile können von einem Computer bedient werden.

Möchten Sie das Haus aus der Ferne steuern können? Dann muss der Steuerungscomputer an das Internet angeschlossen sein. Das kann praktisch sein, wenn Sie aus dem Urlaub zurückkommen und das Haus vorwärmen möchten. Oder wenn Sie am Arbeitsplatz sehen möchten, wer an der Haustür klingelt.

Smarte Haustechnik ist nicht mehr an einen Neubau gebunden. Jedes Haus lässt sich nachrüsten. Technisch versierte Hausbesitzer können bestimmte Smart-Home-Elemente selbst einbauen, etwa eine automatische Rollladensteuerung. Komplexere Systeme müssen von einem Experten installiert werden. Wenden Sie

sich zum Beispiel an einen Elektriker, der sich im Bereich Smart Home weitergebildet hat. Für größere Anlagen oder eine vollständige Erneuerung der Elektroleitungen schalten Sie am besten einen Architekten ein, der Erfahrung mit intelligenter Haussteuerung hat. Oder Sie beauftragen ein Haustechnikbüro.

Tipp

Fortbildungen zu Smart-Home-Anwendungen werden von Branchenverbänden, Schulungseinrichtungen und Handwerkskammern angeboten. Die teilnehmenden Betriebe erhalten anschließend ein Zertifikat. Qualitätskennzeichnungen sind unter anderem Fachbetrieb KOMFORT barrierefrei, Fachbetrieb für innovatives Wohnen – Fachberater Wohnkomfort, Fachbetrieb für senioren- und behindertengerechte Elektrotechnik, Gebäudesystemintegrator, Fachbetrieb für vernetzte Gebäudetechnik und Fachplaner für barrierefreies & komfortables Wohnen. Die Brancheninitiative SmartHome Deutschland bietet auf ihrer Internetseite eine Suchfunktion nach Fachbetrieben für vernetzte Gebäudetechnik an: www.smarthome-deutschland.de/products.

Smarte Haustechnik lässt sich nach und nach erweitern. Wenn Sie sich für die intelligente Haussteuerung interessieren, können Sie zum Beispiel erst eine Fenster-auf-Heizung-aus-Lösung und die automatische Temperatursteuerung installieren lassen. Später kommt dann vielleicht die Licht- und Rollladensteuerung hinzu.

Bei diesem Vorgehen sollten Sie darauf achten, ein offenes System zu wählen. Offen heißt, dass es auf einem Standard basiert, der von verschiedenen Anbietern unterstützt wird. So können Sie Produkte unterschiedlicher Hersteller miteinander kombinieren. Bei einem geschlossenen System sind Sie auf die Angebote eines Herstellers beschränkt.

Inzwischen sind zahlreiche Anwendungen auf dem Markt. Sie lassen sich drei Bereichen zuordnen: Energieeinsparung, Komfort und Sicherheit. Einige typische Beispiele:

Energieeinsparung

- Licht schaltet sich automatisch an, sobald ein Bewohner einen Raum betritt – und geht aus, wenn er ihn wieder verlässt.
- Die Außenbeleuchtung richtet sich nach Sonnenaufgang und -untergang. Sobald es dunkel wird, gehen die Außenlichter an. Oder Sie stellen eine bestimmte Uhrzeit ein.
- Wer neben der Haustür einen Schalter installiert, kann beim Verlassen des Hauses mit einem Handgriff bestimmte Steckdosen und elektrische Geräte vom Stromnetz nehmen. So gehen Sie sicher, dass alle Standby-Geräte abgeschaltet sind und weder Kaffeemaschine noch Herd weiterlaufen oder irgendwo das Licht brennt.
- Wer selbst Strom erzeugt, kann per Hauscomputer steuern, dass bestimmte Geräte

Die gesamte Gebäudetechnik lässt sich zentral steuern.

im Haus angeschaltet werden, wenn viel Strom zur Verfügung steht.

Komfort

- Messen Bewegungsmelder gleichzeitig die Helligkeit in einem Raum, schalten sie das Licht nur ein, wenn es erforderlich ist. Damit es beim nächtlichen Gang zur Toilette nicht plötzlich taghell wird, sorgen Sensoren dafür, dass die Lampen nachts gedimmt werden.
- Häufig wiederkehrende Beleuchtungsszenarien können abgespeichert werden. Beim

Moderne Sprechanlage mit Videofunktion.

Fernsehen leuchten zum Beispiel nur bestimmte Lampen.

◼ Verfügt die Haustür über ein elektronisches
Zugangssystem, können Sie den Haus-
türschlüssel nicht mehr verlieren. Lässt
sich die Tür über einen Fingerabdruckleser
öffnen, müssen Sie nie mehr nach Haustür-
schlüsseln suchen.

◼ Die Haustür kann mit der Lichtsteuerung
verknüpft werden. Sobald sie aufgeschlos-
sen wird, gehen im Eingangsbereich und im
Flur alle Lichter an.

◼ Rollläden fahren je nach Sonnenstand automatisch hoch oder runter. Sollen die Rollos
in bestimmten Räumen länger oben bleiben
oder früher runterfahren, lässt sich das individuell einstellen. Merkt der Sensor an der
Terrassen- oder Balkontür, dass diese noch
offen steht, wird der Rollladen unabhängig

von der Einstellung blockiert. So verhindern
Sie, dass Sie sich beim Plausch mit dem
Nachbarn selbst aussperren.

◼ Dank der Funktechnik können Sie Lichtschalter an jede Wand kleben – auch neben
das Bett oder den Lieblingssessel.

Sicherheit

◼ Bewegungsmelder zur Lichtsteuerung im
Haus oder Sensoren an den Fenstern können gleichzeitig als Alarmanlage genutzt
werden. Dafür müssen die Bewohner beim
Verlassen des Hauses am Hausrechner den
Alarmmodus einstellen. Registrieren die
Sensoren danach, dass ein Fenster geöffnet
wird oder sich jemand im Haus bewegt,
geben sie Alarm. Wie dieser aussehen
soll, können Sie selbst entscheiden: Zum
Beispiel werden alle Lichter im Haus einge-

Zusätzliche Sicherheit: Über das Tablet lässt sich eine Alarmfunktion aktivieren.

schaltet, oder ein Sicherheitsunternehmen wird per stillem Alarm informiert.

■ Inzwischen gibt es Videosprechanlagen, die aufzeichnen, wer vor der Tür steht, und das Bild auf einen beliebigen Bildschirm senden – das kann das Smartphone, der Tablet-Computer oder der Fernseher sein. So wird man nicht von ungebetenen Gästen überrascht.

■ Die Beleuchtung im Haus kann mit einer Zufallsschaltung ausgestattet werden. Das simuliert bei Abwesenheit, dass jemand zu Hause ist.

Über die Hausautomation ist außerdem eine Vernetzung mit sozialen Dienstleistern möglich. Sie setzt voraus, dass der Steuerungscomputer an das Internet angeschlossen ist. In einem intelligenten Haus können Sensoren in den Zimmern zur Sturzerkennung eingesetzt werden und damit als eine Art Hausnotruf dienen. Registriert zum Beispiel der Sensor im Bad über einen vorher definierten Zeitraum keine Bewegung, löst er einen Alarm aus. Möglicherweise ist der Bewohner nur eingeschlafen. Es kann aber auch sein, dass

Gut zu wissen

Der klassische Hausnotruf besteht aus einem Funksender, den der Nutzer bei sich trägt, und einem Notrufgerät, das an der Telefondose angeschlossen wird. Kommt der Nutzer in eine Notsituation, kann er die Notrufzentrale über einen Alarmknopf informieren. Alternativ werden inzwischen Notrufsysteme angeboten, die über einen Sensor erkennen, wenn der Nutzer stürzt, und selbstständig Alarm geben.

Die Mitarbeiter der Notrufzentrale bekommen mit dem Notruf alle wichtigen Daten des Nutzers angezeigt. Sie versuchen zunächst, Kontakt aufzunehmen. Benötigt der Nutzer nur eine helfende Hand, wird eine Vertrauensperson informiert. Deutet alles auf einen Notfall hin, alarmiert die Zentrale den Rettungsdienst.

Hausnotrufsysteme werden von Wohlfahrtsverbänden und privaten Unternehmen angeboten. Sie kosten im Schnitt zwischen 14 und 25 Euro im Monat, plus einmaliger Anschlussgebühr. Pflegebedürftige mit einer Pflegestufe können den Hausnotruf als Hilfsmittel bei der Pflegekasse beantragen (siehe Seite 164). (Mehr Informationen stehen im Internet: www.vz-nrw.de/Hausnotrufsysteme-Schneller-Draht-zur-Hilfe.)

er am Boden liegt und Hilfe braucht. Alternativ lässt sich ein zentraler Lichtschalter zu einem sogenannten Totmannschalter programmieren. Wird zum Beispiel der Lichtschalter im Bad über einen bestimmten Zeitraum hinweg nicht gedrückt, löst er automatisch Alarm aus. Der Nutzer kann einstellen, was bei einem Alarm passiert: Zuerst können Nachbarn oder Angehörige benachrichtigt werden. Sind sie nicht erreichbar, wird der Pflegedienst alarmiert und erst im letzten Schritt der Rettungsdienst.

Eine solche Technik bietet Sicherheit, aber auch Kontrolle. Nicht jeder möchte zum Beispiel, dass seine Angehörigen wissen, ob er zu Hause ist. Die Alarmfunktionen lassen sich ohne viel Aufwand ein- und ausstellen. Sie entscheiden, wie viele Informationen Sie preisgeben möchten – und wie viel Ihnen Ihre Sicherheit wert ist.

Tipp

Falls Ihre Angehörigen möchten, dass Sie eine der beschriebenen Alarmfunktionen einbauen, Sie selbst aber Zweifel haben, sollten Sie offen darüber sprechen. Schließlich müssen Sie sich zu Hause wohl fühlen. Wenn Sie heimlich den Alarm ausschalten, führt das zu weniger Sicherheit als ein Verzicht auf die Notruftechnik. Weil Ihre Angehörigen denken, dass alles in Ordnung ist, fragen sie möglicherweise nicht nach, wenn Sie längere Zeit nichts von Ihnen hören.

Jedes System, das über das Internet gesteuert wird, kann von unbefugten Dritten gehackt werden. Es ist also theoretisch möglich, dass Unbekannte in die Haussteuerung eingreifen oder Daten auswerten, um Rückschlüsse auf Ihren Tagesablauf zu ziehen. Praktisch ist das aber nicht

so einfach, weil die etablierten Systeme durch Passwort und Verschlüsselung vor unberechtigtem Zugang geschützt sind. Falls Sie trotzdem Bedenken haben, können Sie darauf verzichten, den Steuerungscomputer an das Internet anzuschließen. Dann lässt sich das Haus allerdings nicht mehr aus der Ferne steuern.

Neue Lebenssituation – wenn mehr Hilfe notwendig ist

Smart-Home-Lösungen, die in jüngeren Jahren für mehr Komfort sorgen, helfen im hohen Alter, selbstständig zu Hause wohnen bleiben zu können. Sie werden deshalb auch als altersgerechte Assistenzsysteme bezeichnet. Einige Beispiele:

- Sieht man auf dem Tablet-Computer nicht nur, wer vor der Tür steht, sondern kann man diese auch per Knopfdruck öffnen, muss man nicht extra aufstehen. Das hilft gehbehinderten Menschen.
- Lässt sich die Haustür mit einem sogenannten RFID-Chip in einem Schlüssel oder einer Plastikkarte öffnen, können Sie beliebig viele Chips programmieren und festlegen, wer wann das Haus betreten darf. Die Pflegekraft bekommt beispielsweise einen Chip, der ihr erlaubt, vormittags zwischen 10 und 12 Uhr die Tür zu öffnen. Soll sie nicht mehr ohne zu klingeln eintreten dürfen, wird der Chip gelöscht.
- Die Türklingel kann mit der Lichtsteuerung verknüpft werden. Betätigt ein Besucher die Klingel, blinken verschiedene Lampen auf. Menschen mit einer Höreinschränkung erkennen dadurch leichter, dass jemand vor der Tür steht.

- Sensoren in Teppichen oder Bodenbelägen registrieren, wenn ein Körper über längere Zeit auf ihnen liegt, und lösen selbstständig Alarm aus.
- Bettsensoren erkennen, wenn eine Person das Bett verlässt, und benachrichtigen einen Betreuer. Dieser kann dann beim Gang auf die Toilette helfen. Allerdings können solche Sensoren auch Alarm auslösen, wenn sich der Nutzer ungewöhnlich verhält.

Diese Umbauten fördert die KfW

Im **Förderbereich 7 „Sicherheit, Orientierung, Kommunikation"** fördert die KfW den Einsatz altersgerechter Assistenzsysteme und intelligenter Gebäudesystemtechnik. Die Systeme müssen

- interoperabel sein, das heißt, die freie Kombinierbarkeit und Kompatibilität der Systemkomponenten ermöglichen.
- eine datensichere, datengeschützte, systemübergreifende, jederzeit verfügbare, funktionssichere und nachrüstbare Kommunikation erlauben.
- leicht bedienbar und ganzheitlich ergonomisch sein.

Gut zu wissen

- Das Braunschweiger Informatik- und Technologie-Zentrum (BITZ) berät zu technischen Assistenzsystemen und barrierefreiem Wohnen. Ziel ist, das Leben zu Hause komfortabler zu gestalten. Die Erstberatung ist kostenlos. Die gebührenfreie Service-Hotline 0 800-436 52 25 ist montags bis donnerstags von 9 bis 13 Uhr besetzt, Internet: http://geniaal-beraten.de.
- Der Förderverein Lebensgerechtes Wohnen (OWL) informiert zu technischen Unterstützungssystemen, die ohne großen Aufwand auch in bestehende Häuser integriert werden können. Telefon 05 21/270 64 90, Internet: www.lebensgerechtes-wohnen.de.
- Auf der Internetseite www.wegweiseralterundtechnik.de werden Produkte und Dienstleistungen für ein selbstbestimmtes Leben im Alter vorgestellt. Auf einem virtuellen Rundgang durch eine Musterwohnung kann man sich verschiedene Assistenzsysteme anzeigen und erklären lassen. Die Internetseite wird vom Forschungszentrum Informatik am Karlsruher Institut für Technologie betrieben.
- Die GGT Deutsche Gesellschaft für Gerontotechnik in Iserlohn hat ein Ausstellungszentrum aufgebaut, in dem unter anderem Gebäudeautomationssysteme gezeigt werden. Die Ausstellung kann kostenlos besichtigt werden, eine Anmeldung ist erforderlich: Telefon 02 371/95 95 35, Internet: www.gerontotechnik.de.

Planen, Finanzieren, Rat holen

Bei größeren Modernisierungen ist es hilfreich, sich mit allen Fragen an Experten zu wenden: Energie- und Wohnberater, Architekten und spezialisierte Handwerker. Mit einer guten Planung lassen sich Doppelarbeiten verhindern und Kosten sparen. Förderprogramme und Zuschüsse helfen, umfangreiche Umbauten finanziell zu stemmen. Doch die Anträge brauchen Zeit. Denn in der Regel gilt: Erst muss der Antrag gestellt werden, dann dürfen Sie anfangen zu bauen. Sonst gibt es kein Geld.

Rechtliches zum Umbau

Als Hauseigentümer haben Sie bei der Gestaltung Ihres Zuhauses weitgehend freie Hand. Es ist Ihre Entscheidung, ob Sie zum Beispiel die Treppe erneuern oder Wände versetzen. In bestimmten Fällen benötigen Sie allerdings eine Baugenehmigung. Für Wohnungseigentümer in Mehrfamilienhäusern ist die Lage komplizierter: Sie müssen unterscheiden, ob der Umbau nur ihre Wohnung betrifft oder auch Gemeinschaftsflächen wie den Hauseingang. Ist Letzteres der Fall, benötigen sie die Einwilligung der Eigentümergemeinschaft.

Eine Balkonerweiterung muss genehmigt werden.

Wann eine Baugenehmigung erforderlich wird

Wenn Sie größere bauliche Veränderungen an Ihrem Haus vornehmen möchten, benötigen Sie in bestimmten Fällen eine Baugenehmigung. Das gilt für Eingriffe in die Gebäudesubstanz oder die Gebäudestatik, etwa, wenn Türen verbreitert oder tragende Wände entfernt werden. Auch Veränderungen des äußeren Erscheinungsbildes können genehmigungspflichtig sein, etwa die Vergrößerung eines Balkons. In einem solchen Fall muss

unter anderem geklärt werden, ob die vorgeschriebenen Abstände zu Nachbarhäusern
eingehalten werden. Möchten Sie das Haus
erweitern, indem Sie einen Wintergarten oder
Ähnliches anbauen lassen, ist das in der Regel
ebenfalls genehmigungspflichtig. Auch eine
Nutzungsänderung muss genehmigt werden.
Das ist zum Beispiel der Fall, wenn in einem
Gebäude Räume, die bisher als Abstellfläche
vorgesehen waren, zu Wohnräumen umfunktioniert werden.

Architekten wissen, wann eine Genehmigung
erforderlich ist. Falls Sie keinen Planer eingeschaltet haben, sollten Sie sich an das örtliche Bauamt wenden und Ihr Vorhaben schildern. Die Mitarbeiter können Ihnen sagen,
ob Sie eine Baugenehmigung brauchen, und
nennen Ansprechpartner bei der zuständigen
Baubehörde.

*Auch Wintergärten dürfen nicht ohne behördliche
Erlaubnis errichtet werden.*

Um einen Bauantrag zu stellen, müssen Sie
einen Architekten oder einen Bauvorlagebe-
rechtigten beauftragen. Die Bauvorlagenbe-
rechtigung wird von der Landesarchitekten-
kammer vergeben.

Liegt das Haus in einem Gebiet mit einem
rechtsgültigen Bebauungsplan, tritt ein einfaches Genehmigungsverfahren in Kraft. Fehlt
ein solcher Bebauungsplan, ist das Genehmigungsverfahren aufwändiger. Im Regelfall
muss die Behörde aber innerhalb von drei Monaten über den Antrag entscheiden. Sind nur
kleine Umbauten geplant, geht es meistens
schneller. Trotzdem sollten Sie genügend Zeit
einplanen.

Eine Baugenehmigung gilt in der Regel für
zwei bis drei Jahre. Wie hoch die Gebühren

ausfallen, hängt vom Bauanliegen und der
kommunalen Gebührensatzung ab. Falls Sie
versäumen, einen Bauantrag zu stellen, kann
es passieren, dass die Baubehörde die Genehmigung nachfordert. Ignorieren Sie diese
Aufforderung, drohen Strafen.

Das müssen Wohnungseigentümer beachten

Für Wohnungseigentümer gelten die Vorschriften des Wohnungseigentumsgesetzes (WEG)
oder die Satzung der jeweiligen Eigentümergemeinschaft. Das WEG regelt die Teilung des
Grundstücks, der Wohnungen und anderer
Gebäudeteile. Im WEG ist genau festgelegt,
welche Modernisierungen und Umbauten zustimmungspflichtig sind.

Als Wohnungseigentümer müssen Sie zwischen dem Sondereigentum (ihre Wohnung) und dem Gemeinschaftseigentum (alle Gemeinschaftseinrichtungen) unterscheiden. Veränderungen in der eigenen Wohnung sind weitgehend unproblematisch. Sie können eigenständig entscheiden, ob Sie ihr Bad modernisieren oder neue Heizkörper einbauen lassen. Eingriffe in das Gemeinschaftseigentum müssen dagegen von der Wohnungseigentümergemeinschaft beschlossen werden. Typische Beispiele sind eine Modernisierung der Klingelanlage, der Einbau eines Treppenliftes oder der Bau einer Rampe vor dem Haus.

Gut zu wissen

Schwierig wird es, wenn in einem Mehrfamilienhaus das Eigentum nicht aufgeteilt wurde. Das ist zum Beispiel der Fall, wenn zwei Familien gemeinsam ein Haus kaufen, auf eine formelle Teilung verzichten und vereinbaren, dass jede Familie eine Wohnung nutzen kann. Die Wohnungen gehören dann formal beiden Parteien. In der Folge müssen alle Umbauten von beiden Eigentümern gemeinsam beschlossen werden.

So einfach, wie sich diese Regel anhört, ist sie in der Praxis aber leider nicht. Denn auch Umbauten in der eigenen Wohnung können das Gemeinschaftseigentum betreffen und dadurch zustimmungspflichtig werden. Möchten Sie zum Beispiel die Türen verbreitern, greifen Sie wahrscheinlich in tragende Wände ein. Deshalb muss die Eigentümergemeinschaft zustimmen. Das gilt auch, wenn Sie planen, Fenster zu vergrößern. Denn dadurch verändert sich das Erscheinungsbild des Hauses. Möchten Sie eine bodengleiche Dusche einbauen und muss dafür die Geschossdecke geöffnet

werden, brauchen Sie unbedingt die Zustimmung des betroffenen Miteigentümers.

Welche und wie viele Miteigentümer zustimmen müssen, hängt wiederum von der Art des Umbaus ab. Das WEG unterscheidet zwischen einer Instandhaltung, einer Modernisierung und baulichen Veränderungen. Einer Instandhaltung muss nur eine einfache Mehrheit der bei der Eigentümerversammlung anwesenden Wohnungseigentümer zustimmen. Die einfache Mehrheit ist erreicht, wenn mehr Ja- als Nein-Stimmen abgegeben werden. Für Modernisierungen ist eine sogenannte doppelte qualifizierte Mehrheit erforderlich. Das sind drei Viertel aller stimmberechtigten Eigentümer und mehr als die Hälfte aller Miteigentumsanteile. Bei baulichen Veränderungen müssen die Hälfte der Wohnungseigentümer und alle betroffenen Eigentümer zustimmen. Ein Beispiel: Ein Vorder- und ein Hinterhaus bilden eine Eigentümergemeinschaft, aber nur im Vorderhaus soll ein Aufzug eingebaut werden. Dann müssen alle Eigentümer des Vorderhauses als direkt Betroffene zustimmen sowie die Hälfte aller Eigentümer des Vorder- und Hinterhauses.

Gut zu wissen

In einem Zweifamilienhaus mit zwei Eigentümern spielen diese Vorgaben in der Praxis keine Rolle. Ohne die Zustimmung des anderen Eigentümers können Sie keine Veränderungen am Gemeinschaftseigentum vornehmen.

Die Schwierigkeit besteht im Einzelfall in der Abgrenzung. Wann handelt es sich bei einem Umbau um eine Modernisierung, wann um eine bauliche Veränderung. Der Einbau einer Videogegensprechanlage gilt als Modernisierung, die eine doppelt qualifizierte Mehrheit verlangt. Der Anbau von Garagen oder Markisen wäre eine bauliche Veränderung, die zustimmungspflichtig ist. Ob aber der Einbau eines Treppenliftes als Modernisierung oder als bauliche Veränderung anzusehen ist, dazu gibt es unterschiedliche Ansichten.

Wenn Sie größere Umbauten anstreben, sollten Sie sich rechtzeitig informieren, welche Mehrheiten notwendig sind. Die Hausverwaltung sollte Ihnen Auskunft geben können. Außerdem lohnt es sich, bei den Miteigentümern früh für eine Umbauidee zu werben und die Vorteile einer Modernisierung herauszustellen.

Experten für den Umbau

Jede Modernisierung ist mit zahlreichen Entscheidungen verbunden. Soll das Haus energetisch saniert werden? Dann ist es wichtig, einen Fahrplan für die verschiedenen Maßnahmen zu erstellen. Im Idealfall wird erst gedämmt, dann die Heizung ausgetauscht und nicht andersherum. Sonst besteht die Gefahr, dass man eine viel zu große Heizung einbaut. Energieberater helfen dabei, eine Reihenfolge für den Umbau festzulegen. Wohnberater geben Tipps, wie man Barrieren abbaut und Voraussetzungen für spätere Anpassungen schafft. Die Planung und Durchführung von Umbauten liegt in der Hand von Architekten und Handwerkern. Es kann mühsam sein, Ansprechpartner zu finden. Und vielleicht sind Sie mit der einen oder anderen Auskunft nicht zufrieden. Geben Sie nicht auf, sondern suchen Sie weiter. Wenn Sie auf kompetente Experten stoßen, bekommen Sie viele wertvolle Tipps für den Umbau.

Wohnberatung

Wie lässt sich das Haus an veränderte Bedürfnisse im Alter anpassen? Welche Schwachstellen gibt es und wie können diese beseitigt werden? Welche Potentiale hat das Haus? Für

solche und weitere Fragen rund um die Wohnungsanpassung sind die Wohnberatungsstellen erste Ansprechpartner. Wohnberater helfen Ihnen dabei, das Leben zu Hause komfortabler zu gestalten, damit Sie so lange wie möglich selbstbestimmt in Ihren eigenen vier Wänden wohnen können.

Die Wohnberatung ist in Deutschland nicht einheitlich organisiert. Hinter den Beratungsstellen stehen gemeinnützige Vereine, Kreise und Kommunen, Handwerkskammern und (Wohlfahrts)verbände. Auch freie Architekten oder Ingenieure bieten eine Wohnberatung an. Achtung! Der Begriff Wohnberater ist nicht geschützt. Lassen Sie sich deshalb immer Referenzen nennen.

In einigen Bundesländern wie Nordrhein-Westfalen gibt es ein dichtes Netz an Wohnberatungsstellen, in anderen wird sie nur vereinzelt angeboten. Es ist nicht leicht, einen Überblick zu bekommen.

So unterschiedlich wie die Struktur ist auch die Ausgestaltung der Wohnberatung. Einige Beratungsstellen haben fest angestellte Mit-

Gut zu wissen

In der Bundesarbeitsgemeinschaft Wohnungsanpassung (BAG) haben sich zahlreiche Wohnberatungsstellen und freie Wohnberater organisiert. Auf der Internetseite www.bag-wohnungsanpassung.de sind Wohnberatungsstellen genannt, die nach den Qualitätskriterien der BAG arbeiten. Zu diesen Qualitätsstandards gehört, dass die Beratung vor Ort stattfindet, unabhängig und neutral ist. Das heißt: Die Berater haben kein Interesse daran, bestimmte Dienstleistungen oder Produkte zu verkaufen. Die Vor-Ort-Beratung ist wichtig, um auf die Gegebenheiten des Hauses eingehen zu können. Denn nicht jede typische Lösung ist für die eigenen vier Wände geeignet.

arbeiter, die vor Ort beraten. Andere vermitteln an ehrenamtliche Wohnberater weiter. In manchen Beratungsstellen arbeiten gemischte Teams aus Sozialpädagogen, Ergotherapeuten, Architekten und Bauingenieuren eng zusammen. Andere holen bei Bedarf freie Architekten zur Beratung dazu.

Beim ersten Treffen geht es üblicherweise darum, zu klären, welche Wünsche und Bedürfnisse die Bewohner haben und welche Veränderungen angedacht sind. Die Berater besichtigen das Haus oder die Wohnung, nennen Schwachstellen und weisen auf konkrete Lösungsmöglichkeiten hin. Das können kleine Veränderungen sein, die das Leben zu Hause erleichtern, aber auch größere Umbauten. Die Berater nennen technische Angebote und verweisen auf Hilfsmittel. Außerdem besprechen sie mit den Bewohnern, wie die Maßnahmen finanziert werden können und verweisen auf Förderangebote. Bei Bedarf helfen sie auch bei der Antragstellung. Eine solche Beratung

ist meistens kostenlos. Fragen Sie aber sicherheitshalber vorher nach.

Einige Wohnberatungsstellen bieten nur eine Erstberatung an und vermitteln anschließend an Handwerker oder Architekten. Andere übernehmen auf Wunsch auch die technische Planung, holen Kostenvoranschläge ein, beauftragen und koordinieren Handwerker, kontrollieren die Umbaumaßnahmen, nehmen Arbeiten ab und prüfen Rechnungen. Für diese Dienstleistung müssen Sie in der Regel bezahlen.

Im Rahmen einer Initiative des Bundesfamilienministeriums entstand parallel zu den Wohnberatungsstellen die sogenannte Mobile Wohnberatung. Sie wird von Handwerksunternehmen, Architekten, Firmen, Wohnungsunternehmen, aber auch von kommunalen Einrichtungen angeboten. Die Berater haben sich in speziellen Schulungen zum barrierefreien Wohnen weitergebildet. Auch die Mobile Wohnberatung findet vor Ort statt und ist kostenlos. Eine Liste der Mobilen Wohnberater steht im Internet unter www.mobile-wohnberatung.de.

Tipp

Der Verein Barrierefrei Leben in Hamburg bietet eine Online-Wohnberatung an. Das ist praktisch für Menschen, die sich grundsätzlich informieren möchten oder keine Wohnberatungsstelle in der Nähe haben. Sie können mit Hilfe eines Fragebogens schildern, für welche Situationen Lösungen gesucht werden. Die Berater benötigen außerdem Fotos und Pläne, um die Situation vor Ort besser beurteilen zu können. Die Lösungsvorschläge werden dann per E-Mail verschickt. Die Beratung unter www.online-wohn-beratung.de ist kostenlos und neutral. Auf der Internetseite stehen außerdem zahlreiche Tipps zur Wohnungsanpassung.

Energieberatung

Energieberater haben die Aufgabe, Ihr Haus energetisch zu beurteilen. Dafür besichtigen sie das Gebäude und begutachten die Heizungsanlage, die Warmwasserbereitung sowie Gebäudekörper und Gebäudehülle. Ein guter Energieberater sollte den Ist-Zustand Ihres Hauses aufzeigen, die Schwachstellen detailliert herausarbeiten, konkrete Verbesserungsvorschläge machen und darlegen, in welcher Reihenfolge die Arbeiten am besten erledigt werden. Natürlich sollte er auch abschätzen, wie viel die einzelnen Modernisierungen kosten. Dabei ist es sehr wichtig, die bauphysikalischen Zusammenhänge zu berücksichtigen. Werden einzelne Komponenten verändert, wirkt sich das auf das ganze Haus aus. So kann es nach einer Erneuerung der Fenster an den umliegenden Bauteilen schnell zu Feuchtigkeitsschäden kommen. Als Laie ist es sehr schwer, solche Folgeprobleme zu erkennen. Auch deshalb ist es sinnvoll, eine Energieberatung in Anspruch zu nehmen.

Der Bund fördert die Energieberatung über das Bundesamt für Wirtschaft und Ausfuhrkontrolle (BAFA). Für die „Unabhängige Vor-Ort-Beratung (BAFA)" gibt es einen Zuschuss von 400 Euro für Einfamilienhäuser und 500 Euro für Häuser mit mindestens drei Wohneinheiten. Den Zuschuss erhalten Hauseigentümer und Mieter von Gebäuden, für die vor 1995 ein Bauantrag gestellt oder die Bauanzeige erstattet wurde. Er wird von den Energieberatern beantragt und direkt mit dem Beratungshonorar verrechnet. Der Kunde zahlt entsprechend weniger. Der Zuschuss ist nicht an weitere Förderprogramme geknüpft. (Informationen zur BAFA-Förderung stehen im Internet unter www.bafa.de, Stichwort „Energie" – „Energiesparberatung".)

Die KfW vergibt in Verbindung mit dem Förderprogramm „Energieeffizient Sanieren" einen Zuschuss von bis zu 4.000 Euro für die energetische Fachplanung und Baubegleitung (siehe Seite 162). (Internet: www.kfw.de/431)

Der Begriff Energieberater ist nicht geschützt. Das heißt: Jeder kann sich Energieberater nennen. Das macht die Suche schwieriger. Ein guter Energieberater sollte unabhängig, fachlich qualifiziert und erfahren sein. Häufig arbeiten Architekten und Ingenieure in diesem Bereich, aber auch spezialisierte Handwerker. Erkundigen Sie sich, seit wann sich der Energieberater mit der energetischen Sanierung beschäftigt und ob er selbst Modernisierungen geplant und durchgeführt hat.

Über das Internetportal www.energie-effizienz-experten.de können Sie sich Energieberater in Ihrer Region anzeigen lassen. Sie haben dort die Möglichkeit, gezielt nach von der BAFA oder der KfW zugelassenen Sachverständigen zu suchen. Diese Experten müssen über besondere Qualifikationen verfügen oder Objekte vorweisen können, die sie energetisch effizient saniert oder geplant haben.

Die Verbraucherzentralen bieten ebenfalls eine unabhängige Energieberatung an. Unter der kostenfreien Rufnummer: 0800/809 80 24 00 können Sie einen Termin vereinbaren. (Mehr Informationen stehen im Internet unter www.verbraucherzentrale-energieberatung.de. Dort können Sie auch online Fragen stellen.)

Die Preise für eine Energieberatung unterscheiden sich zum Teil deutlich. Deshalb lohnt es sich, mehrere Angebote einzuholen und zu vergleichen. Informieren Sie den Energieberater, wenn Sie weitere Maßnahmen wie zum Beispiel den Anbau eines neuen Balkons planen. Dann kann er diese Veränderungen gleich in seine Überlegungen einbeziehen. Im Idealfall kennt sich der Energieberater auch mit dem Barriereabbau aus und nennt Maßnahmen, die sich gut verbinden lassen. Fragen Sie ruhig nach.

Architekten

Ein Haus barrierefrei zu planen und zu bauen ist kein Problem. In bestehenden Gebäuden Barrieren abzubauen, ist dagegen deutlich schwieriger – vor allem, wenn nicht das ganze Haus umgebaut werden soll. Dann müssen Kompromisse geschlossen und Detaillösungen gefunden werden. Das ist Aufgabe von Architekten. Sie lernen bereits im Studium, bestehende Gebäude umzugestalten. Das heißt aber nicht automatisch, dass sie sich auch mit dem Barriereabbau in Ein- und Zweifamilienhäusern auskennen. Doch je mehr Erfahrung ein Architekt auf diesem Gebiet hat, desto eher findet er passende Lösungen für Ihr Zuhause. Es lohnt sich deshalb, nach einem entsprechenden Architekten zu suchen.

Gut zu wissen

Für kleine Umbauten – etwa die Umgestaltung eines Badezimmers – ist es schwierig, einen Architekten zu finden. Der Grund: Für den Architekten ist der Aufwand groß, vor allem, wenn er auch die Baubegleitung übernimmt. Er muss immer wieder zur Baustelle fahren und die Fortschritte kontrollieren. Das kann oder möchte kaum ein Bauherr bezahlen. Deswegen sehen viele Architekten von solchen kleinen Aufträgen ab. Wenden Sie sich für kleinere Umbauten direkt an ein Handwerksunternehmen. Wer sein Haus umgestalten will oder einen Anbau plant, hat dagegen bessere Chancen, einen Architekten zu finden.

Dafür gibt es unterschiedliche Wege. Fragen Sie bei einer Wohnberatungsstelle in ihrer Nähe nach Architekten mit dem Schwerpunkt Barriereabbau. Die Mitarbeiter arbeiten häufig mit Architekten zusammen oder können Kontakte vermitteln. Außerdem lohnt es sich, im erweiterten Bekanntenkreis nachzufragen. Vielleicht haben Freunde von Freunden umgebaut und gute Erfahrungen mit einem Architekten gemacht. Einige Länderarchitektenkammern bieten auf ihrer Internetseite eine Architekten-Suchfunktion an.

Dort lässt sich auch nach Tätigkeitsschwerpunkten suchen, wobei der „barrierefreie Umbau" nur vereinzelt aufgeführt ist. Ein weiteres Problem: Wenn Sie mit diesem Stichwort suchen, bekommen Sie vor allem Büros angezeigt, die Seniorenheime und Betreuungseinrichtungen für Behinderte bauen. Sie müssen nachfragen, ob der Architekt auch kleinere Objekte betreut. Eine solche Suche kann daher mühsam sein.

Einzelne Länderarchitektenkammern, etwa die Architektenkammern Niedersachsen und Bayern, haben zusätzlich Beratungsstellen zum barrierefreien Bauen eingerichtet. Sie können sich dort spezialisierte Architekten nennen lassen.

Tipp

Links zu den einzelnen Länderarchitektenkammern finden Sie auf der Internetseite der Bundesarchitektenkammer unter www.bak.de/bauherr/links/.

Kommen mehrere Architekten in die engere Auswahl, sollten Sie sich Referenzobjekte nennen lassen. So bekommen Sie einen Eindruck von der Arbeit der Experten. Nach einem ersten Telefonat mit dem Architekturbüro wird in der Regel ein unverbindliches Treffen vereinbart. Es sollte möglichst in Ihrem Haus stattfinden, damit sich der Architekt ein Bild von den baulichen Gegebenheiten machen kann. Schildern Sie Ihre Wünsche und Vorstellungen. Wollen Sie für das Alter vorsorgen oder gibt es bereits körperliche Einschränkungen? Möchten Sie Räume zusammenlegen oder anbauen? Es ist hilfreich, wenn Sie dem Architekten schon bei diesem Treffen Pläne des Hauses vorlegen können und eine Idee davon geben, wie viel Geld Sie investieren möchten. Ein guter Architekt sollte Ihnen diese Fragen von sich aus stellen, verschiedene Vorschläge zum Umbau machen und über rechtliche Vorgaben und Förderangebote informieren.

Gut zu wissen

Falls Sie eine öffentliche Förderung in Anspruch nehmen möchten, müssen Sie bei der Antragstellung häufig eine detaillierte Kostenberechnung einreichen. Diese Arbeit übernehmen Architekten.

Wenn Sie sich für einen Architekten entschieden haben, schließen Sie einen Vertrag ab, in dem alle Punkte des Bauvorhabens festgehalten werden. In der Regel kümmert sich der Architekt neben der Planung auch um die Baubegleitung. Das heißt: Er beauftragt im Namen des Bauherren Handwerker, überwacht die Ausführung, kontrolliert die Leistungen und prüft Rechnungen.

Bei größeren Umbauten kann es notwendig sein, einen Fachplaner hinzuzuziehen. Das sind zum Beispiel Bauingenieure, die statische

Tipp

Die Baubegleitung ist für einen Architekten sehr aufwändig, entsprechend teuer wird es für den Bauherren. Um die Kosten zu senken, können Sie den Architekten auch nur für die Planung und die Ausschreibung beauftragen. Kontrolle und Abnahme liegen dann in Ihrer Hand.

Fragen klären und immer dann wichtig sind, wenn tragende Wände versetzt oder entfernt werden. Ingenieure für Haustechnik kümmern sich um die Heizungs-, Lüftungs- und Elektroplanung. In der Regel stellt der Architekt den Kontakt zum Fachplaner her.

Die Arbeit eines Architekten kostet Geld. Die einzelnen Leistungen werden nach der Honorarordnung für Architekten und Ingenieure (HOAI) abgerechnet. Wie hoch das Honorar ausfällt, hängt davon ab, welche Leistungen in Anspruch genommen werden und ob der Architekt den nach HOAI vorgeschriebenen Höchst- oder Mindestsatz oder einen Betrag dazwischen abrechnet. Das sollten Sie vorher klären. Bei Neubauten macht das Architektenhonorar in der Regel rund 12 bis 15 Prozent der Gesamtkosten

Tipp

Die Architektenkammer Nordrhein-Westfalen beschreibt auf ihrer Internetseite, wie sich das Architektenhonorar zusammensetzt: www.aknw.de, Stichwort „Bauherren" – „Planen und Bauen" – „Architektenhonorar". Die Honorarordnung für Architekten und Ingenieure kann auf der Internetseite der Bundesarchitektenkammer heruntergeladen werden unter http://www.bak.de/berufspraxis/hoai/.

aus, bei Umbauten im Bestand rund 15 bis 17 Prozent. Dagegen stehen die Einsparungen, die durch den Architekten erzielt werden, weil er Angebote und Rechnungen von Handwerkern prüft und Bauabläufe aufeinander abstimmt.

Spezialisierte Handwerker für den barrierefreien Umbau

Möchten Sie Handläufe an der Treppe anbringen oder ein Fenster austauschen, reicht es in der Regel aus, ein Fachunternehmen in der Nähe zu beauftragen. Planen Sie dagegen eine größere Maßnahme – ein barrierefreies Bad oder einen schwellenlosen Eingang –, ist es sinnvoll, nach Handwerkern zu suchen, die Erfahrung mit dem Barriereabbau haben. Leider ist das nicht selbstverständlich. Es kommt zum Beispiel immer wieder vor, dass Handwerker behaupten, schwellenfreie Zugänge zum Haus seien technisch nicht möglich. Dann werden niedrige Schwellen eingebaut, obwohl die Bauherren etwas anderes wollten. Kennt sich ein Handwerker dagegen gut mit dem Barriereabbau aus, kann er wertvolle Tipps geben und individuelle Lösungen vorschlagen. Das ist wichtig, wenn aufgrund der baulichen Situation Kompromisse gefunden werden müssen. Es lohnt sich also, nach spezialisierten Handwerkern zu suchen.

Wenn Sie eine Wohnberatungsstelle in der Nähe haben, können Sie dort nach Adressen von Fachunternehmen fragen. Arbeiten Sie mit einem Architekten zusammen, kann er in der Regel Handwerker nennen oder macht bei umfangreicheren Umbauten oder Modernisierungen eine Ausschreibung. Müssen Sie selbst suchen, haben Sie verschiedene Möglichkeiten: Die Bundesregierung hat gemeinsam mit dem Zentralverband des Deutschen Handwerks das

Generationenfreundlicher Betrieb
Service + Komfort

Markenzeichen „Generationenfreundlicher Betrieb Service + Komfort" entwickelt. Das Logo können Firmen beantragen, die eine zweitägige Schulung zum Barriereabbau absolviert haben oder anhand von Referenzobjekten nachweisen können, dass sie sich mit barrierefreien Lösungen auskennen. Auf der Internetseite http://markenzeichen.bistech.de/ können Sie nach Handwerksunternehmen in Ihrer Region suchen, die das Logo tragen. Bisher ist das Markenzeichen allerdings nicht weit verbreitet. Möglicherweise hat Ihre Suche daher keinen Erfolg.

Die Handwerkskammern bieten ihren Mitgliedern Fortbildungen zum Barriereabbau an. Dauer und Inhalt unterscheiden sich von Region zu Region erheblich. In Hessen beispielsweise dürfen sich die Absolventen nach einer Zwei-Tages-Schulung „Fachkraft barrierefrei Bauen und Wohnen" nennen, die Handwerkskammer Düsseldorf vergibt nach einer sieben Monate dauernden Fortbildung das Logo „Barrierefreies Bauen – Geprüfte Fachkraft". Die Teilnehmer werden anschließend in Datenbanken aufgenommen und können darüber gesucht werden.

Tipp

Wenden Sie sich an die regionale Handwerkskammer und fragen Sie nach Fachkräften zum Barriereabbau. Oder suchen Sie in den Datenbanken im Internet nach Fachunternehmen.

Die GGT Deutsche Gesellschaft für Gerontotechnik® mbH bietet ebenfalls Fortbildungen an. Die Absolventen erhalten anschließend das Logo „Fachbetrieb Komfort Barrierefrei". Sie können sich über die Internetseite der GGT unter www.gerontotechnik.de/fbsuche.php die Kontaktdaten solcher Fachbetriebe zuschicken lassen.

Falls Sie über diese Wege nicht weiterkommen, lohnt es sich, bei verschiedenen Fachunternehmen in der Region anzufragen, ob sie sich mit der Wohnungsanpassung auskennen. Es ist gut möglich, dass sich ein Handwerker selbst weitergebildet hat, das aber nicht kenntlich macht. Erkundigen Sie sich, ob er die Vorschriften der DIN 18040-2 und die Technischen Mindestanforderungen der KfW zum altersgerechten Umbau kennt. Kann er konkrete Fragen beantworten? Hat er zum Beispiel schon einmal einen schwellenlosen Hauseingang gebaut? Und kann er Referenzobjekte vorweisen? Solche Fragen helfen Ihnen dabei, eine Vorstellung zu bekommen, wie gut sich der Handwerker mit dem Barriereabbau auskennt.

Bei größeren Projekten ist es hilfreich, eine Firma mit dem kompletten Umbau zu beauftragen. Dann haben Sie einen Ansprechpartner und müssen sich nicht mit verschiedenen Unternehmen auseinandersetzen. Die Abstimmung, wer wann welche Arbeiten ausführt, kann sonst viel Zeit in Anspruch nehmen.

Wichtig

Bei der Beauftragung eines Handwerkers sollten Sie möglichst genau beschreiben, was Sie haben wollen – und was nicht! Begriffe wie „altersgerecht" oder „komfortabel" sind nicht definiert. Wenn Sie dagegen eine „barrierefreie" Lösung haben möchten, muss sich der Handwerker an den Vorschriften der DIN 18040-2 orientieren. Gibt es Schwierigkeiten mit der Umsetzung, können Sie Alternativen vereinbaren. Doch auch die DIN lässt Spielräume. Sie erlaubt zum Beispiel bei Eingangstüren eine Schwelle von maximal 2 cm Höhe. Wenn Sie auf jeden Fall eine schwellenfreie Lösung haben möchten, sollten Sie den Handwerker mit der Errichtung eines „barrierefreien, schwellenlosen Eingangs" beauftragen.

Häufig sind die Unternehmen froh, wenn sie mit bekannten Handwerkern zusammenarbeiten können. Fragen Sie vor einem größeren Umbau am besten bei der Firma nach, ob sie die Koordination übernimmt und welche Kosten dafür in Rechnung gestellt werden. Weisen Sie unbedingt darauf hin, dass die Arbeiten von Fachunternehmen ausgeführt werden sollen und keine Schwarzarbeit gewünscht wird. Sonst haben Sie keine Gewährleistungsansprüche. Klären Sie vorher, an wen Sie sich bei Reklamationen wenden müssen. Im Idealfall übernimmt das koordinierende Handwerksunternehmen die Gewährleistung für alle Arbeiten.

Gut zu wissen

Bei einem Badumbau übernehmen üblicherweise Sanitärfirmen die Bauleitung. Sie beauftragen je nach Bedarf Elektriker und Fliesenleger. Auf der Internetseite des Zentralverbandes Sanitär, Heizung, Klima www.shk-barrierefrei.de können Sie nach Firmen mit der Zusatzbezeichnung „Fachbetrieb barrierefreies Bad" suchen. Diese Firmen bieten einen Badumbau aus einer Hand an.

Förderprogramme – Geld für den Umbau

Modernisierungen und Umbaumaßnahmen kosten Geld. Wenn Sie clever planen und verschiedene Arbeiten zusammenlegen, können Sie auf lange Sicht Kosten sparen. Doch erstmal müssen Sie die Maßnahmen finanzieren. Es ist gut, wenn Sie Eigenkapital zur Verfügung haben. Denn jeder Kredit, auch ein zinsgünstiger, muss zurückgezahlt werden und belastet das monatliche Budget.

Bund, Länder und Kommunen haben zahlreiche Förderprogramme zum Barriereabbau aufgelegt. Sie lassen sich zum Teil mit Programmen zur energetischen Sanierung koppeln. Allerdings ist es nicht einfach, einen Überblick zu bekommen. Gute Ansprechpartner sind die Wohnberatungs- und Wohnungsbauförderungsstellen. Die Mitarbeiter wissen in der Regel, welche Förderangebote in Frage kommen. Oft muss man einen langen Atem haben, bis das passende Programm gefunden ist. Auch die Antragstellung braucht Zeit. Doch ohne Antrag darf nicht mit dem Umbau begonnen werden. Sonst verliert man den Förderanspruch. Es kann gut sein, dass sich Ihr Bauprojekt dadurch zeitlich verschiebt. Ein Grund mehr, sich frühzeitig mit der Wohnungsanpassung zu beschäftigen. Wer in einer Notlage umbauen muss, hat häufig weder Kapazitäten noch Zeit, sich um eine Förderung zu kümmern.

Bundesweite Förderung: Die Programme der KfW

Der Bund fördert den Umbau von Privatimmobilien über die KfW-Förderbank. Sie hat verschiedene Programme aufgelegt, die sich miteinander kombinieren lassen (Stand: Juni 2014).

Wenn Sie in Ihrem Haus Barrieren abbauen, können Sie das **Förderprogramm 159 „Altersgerecht umbauen"** in Anspruch nehmen. Eine energetische Modernisierung wird über die Programme **151** und **430 „Energieeffizient Sanieren"** gefördert. Planen Sie außerdem, mit einer Photovoltaik-Anlage Strom aus Sonnenenergie zu erzeugen, können Sie zusätzlich das Programm **274 „Erneuerbare Energien – Standard – Photovoltaik"** nutzen. Detaillierte Informationen zu den Programmen finden Sie unter www.kfw.de, Stichwort „Für Privatpersonen" – „Bestandsimmobilie". Dort können Sie sich verschiedene Fördermaßnahmen ansehen und nach passenden Produkten suchen.

KfW-Programm 159 „Altersgerecht umbauen"
Über das Programm „Altersgerecht umbauen" fördert die KfW den Abbau von Barrieren in Wohngebäuden. Die Förderung können alle Immobilienbesitzer und Mieter in Anspruch nehmen, unabhängig vom Alter. Eine junge Familie kann mit dem Geld ebenso das Bad umbauen wie ein älteres Ehepaar. Schließlich ist viel Platz im Bad auch mit Kindern angenehm. Die Mehrheit der Anträge stellen bisher Menschen im Alter zwischen 40 und 60 Jahren. Die KfW gewährt ein zinsverbilligtes Darlehen von maximal 50.000 Euro. Mit dem Geld können große und kleine bauliche Veränderungen in den folgenden sieben Nutzungsbereichen des Hauses oder des Wohnumfeldes finanziert werden:

1. Wege zu Gebäuden und Wohnumfeldmaßnahmen, z.B. Schaffung eines altersgerechten Autostellplatzes in der Nähe des Hauseingangs.

2. Eingangsbereich und Wohnungszugang, z.B. Einbau eines schwellenlosen Hauseingangs.
3. Vertikale Erschließung/Überwinden von Niveauunterschieden, z.B. Montage von Handläufen an Treppen.
4. Anpassung der Raumgeometrie, z.B. Verbreiterung von Türen.
5. Maßnahmen an Sanitärräumen, z.B. Vergrößerung des Bades.
6. Sicherheit, Orientierung, Kommunikation, z.B. Einbau neuer Schalter und Steckdosen.
7. Gemeinschaftsräume, Mehrgenerationenwohnen; z.B. Schaffung von Gemeinschaftsräumen in bestehenden Wohngebäuden.

Für jeden dieser Förderbereiche werden Einzelmaßnahmen genannt.

■ Im Förderbereich 4 beispielsweise sind das die Änderung des Raumzuschnitts, die Verbreiterung von Türdurchgängen und der Einbau neuer Türen, der Schwellenabbau und die Erschließung von Terrassen, Loggien und Balkonen.
■ Im Förderbereich 5 werden die Anpassung der Raumgeometrie, die Modernisierung von Sanitärobjekten und der Einbau einer bodengleichen Dusche finanziert. Die Maßnahmen können einzeln oder zusammen gefördert werden. Es ist also nicht unbedingt notwendig, dass Sie das gesamte Bad umbauen. Sie können den Kredit auch beantragen, um lediglich eine bodengleiche Dusche einzubauen. Planen Sie später, Waschbecken und WC auszutauschen, haben Sie die Möglichkeit, den Kredit erneut in Anspruch zu nehmen – vorausgesetzt, die Fördersumme wurde nicht ausgeschöpft.

Außerdem fördert die KfW

■ den Umbau zum Standard „Altersgerechtes Haus/Altersgerechte Wohnung". Dafür müssen zentrale Anforderungen der Förderbereiche 1 bis 6 umgesetzt werden. Das Haus muss nach dem Umbau einen altersgerechten Zugang, ein altersgerechtes Wohn- und/oder Schlafzimmer, eine altersgerechte Küche und ein altersgerechtes Bad haben sowie die Anforderungen an die Bedienelemente erfüllen.
■ Maßnahmen, die zur Herstellung von Barrierefreiheit nach DIN 18040-2 erforderlich sind. Sie können den Kredit also auch für Umbauten nutzen, die nicht in den Förderbereichen 1 bis 7 genannt, aber in der DIN 18040-2 aufgeführt sind. Erkundigen Sie sich aber sicherheitshalber vorher bei der KfW, ob die geplante Maßnahme gefördert wird, und lassen Sie sich eine schriftliche Bestätigung geben.
■ die Erweiterung bestehender Gebäude, etwa den Anbau eines Außenaufzuges.
■ den Ausbau von vorher nicht beheizten Räumen, zum Beispiel einen Dachgeschossausbau.

Grundsätzlich nicht gefördert werden Maßnahmen an Ferien- und Wochenendhäusern.

Die KfW-Förderung ist an Bedingungen geknüpft. So müssen beim Umbau bestimmte Technische Mindestanforderungen erfüllt sein. Diese Mindestanforderungen orientieren sich an der DIN 18040-2 zum Neubau von barrierefreien Wohnungen, wurden aber für den Wohnungsbestand angepasst. Denn in bestehenden Häusern oder Wohnungen sind viele DIN-Anforderungen gar nicht oder nur durch erhebliche bauliche Eingriffe und mit unverhältnismäßig hohem finanziellen Aufwand umsetzbar.

Beispiel

Die DIN 18040-2 schreibt genau vor, wie groß die Bewegungsflächen vor und hinter der Haustür ausfallen müssen. Die KfW fordert in den Technischen Mindestanforderungen lediglich, dass Hauseingangstüren „an der Innenseite eine ausreichende Bewegungsfläche aufweisen. Ist dies baustrukturell nicht möglich, können nach außen aufschlagende Türen verwendet werden, sofern an der Außenseite eine Bewegungsfläche von mindestens 1,50 × 1,50 m oder 1,40 × 1,70 m vorhanden ist". Damit wird der Tatsache Rechnung getragen, dass bei vielen älteren Häusern der Windfang sehr eng ist und nur mit großem Aufwand umgebaut werden kann.

Wenn Sie Umbauten planen, ist es daher sinnvoller, sich an den Technischen Mindestanforderungen als an der DIN 18040-2 zu orientieren. Die Technischen Mindestanforderungen können auf der Internetseite der KfW heruntergeladen werden unter kfw.de/159 – Stichwort „Formulare & Downloads" – „Merkblatt Altersgerecht umbauen". Außerdem sind die zentralen Anforderungen am Ende jedes Umbaukapitels in diesem Buch beschrieben.

Das Verfahren:

Die KfW gewährt einen Kredit in Höhe von maximal 50.000 Euro. Mit ihm können bis zu 100 Prozent der Investitionskosten einschließlich Nebenkosten für Planung und Beratung finanziert werden.

Der Zinssatz wird entweder bei Eingang des Antrags oder zum Zeitpunkt der Kreditzusage festgelegt – je nachdem, was für den Antrag-

Gut zu wissen

Die maximale Fördersumme von 50.000 Euro gilt pro Wohneinheit. Als Wohneinheit gelten abgeschlossene, zusammen liegende Räume in Wohngebäuden, in denen ein eigener Haushalt geführt werden kann (Zimmer, Küche/Kochnische und Bad/WC). Die Räume müssen dauerhaft für Wohnzwecke bestimmt sein. Befindet sich in Ihrem Haus eine Einliegerwohnung, die den genannten Kriterien entspricht, können Sie für diese Wohneinheit noch einmal den vollen KfW-Kredit beantragen.

steller günstiger ist. Er gilt für einen Zeitraum von fünf oder zehn Jahren. Wird der Kredit in dieser Zeit nicht abbezahlt, macht die KfW anschließend über die Hausbank ein neues Angebot zu marktüblichen Konditionen. Die maximale Kreditlaufzeit beträgt 30 Jahre.

Grundsätzlich gilt: Erst muss der Förderantrag gestellt werden, dann können Sie investieren. Kosten für Arbeiten, die bereits vor der Antragstellung angefallen sind, werden in der Regel nicht rückwirkend berücksichtigt. Von dieser Regel ausgenommen sind Beratungs- und Planungsleistungen. Die KfW empfiehlt, vor dem Umbau eine unabhängige Beratung, etwa durch eine Wohnberatungsstelle, in Anspruch zu nehmen. Außerdem rät sie zur Beratung, Fachplanung, Baubegleitung und Dokumentation des Umbaus durch einen Sachverständigen. Eine solche Beratung ist allerdings nicht verpflichtend.

Den Antrag auf Förderung müssen Sie bei Ihrer Hausbank oder Sparkasse stellen. Sie ist für die Abwicklung der Darlehensfinanzierung verantwortlich.

Die Energieberaterinnen und -berater der Verbraucherzentralen kommen zu Ihnen nach Hause. Sie beraten Sie vor Ort rund um die energetische Gebäudemodernisierung und zum Energiesparen im Haushalt.

Tipp

Viele Banken bewerben die KfW-Programme nicht von sich aus. Erkundigen Sie sich am besten selbst auf der Internetseite der KfW (www.kfw.de) über die verschiedenen Förderangebote. Bei Fragen können Sie sich an das KfW-Infocenter unter der kostenfreien Rufnummer 0800/539-9002 wenden.

Gut zu wissen

Im Programm „Altersgerecht umbauen" soll künftig neben dem Kredit wieder ein Investitionszuschuss gewährt werden, der nicht zurückgezahlt werden muss. Der Haushaltsausschuss des Bundestages hat einen entsprechenden Beschluss gefasst. Der Investitionszuschuss wird frühestens ab Herbst 2014 angeboten. Zum Druckzeitpunkt dieses Buches waren die Programmbestimmungen noch nicht bekannt. Erkundigen Sie sich auf der Internetseite der KfW nach den Details.

Das Finanzinstitut übernimmt die Antragstellung bei der KfW und legt die Art und Höhe der notwendigen Sicherheiten fest. Stuft eine Bank einen Hauseigentümer nicht als ausreichend kreditwürdig ein, bleibt ihm nichts anderes übrig, als sich an eine andere Bank zu wenden.

Wird der Kredit bewilligt, können Sie den Betrag in einer Summe oder in Teilbeiträgen abrufen. Spätestens drei Jahre nach der Beantragung müssen alle Fördergelder abgerufen sein.

KfW-Programm „Energieeffizient Sanieren"

Die Programme 151 und 430 „Energieeffizient Sanieren" richten sich an Eigentümer von Wohngebäuden, für die vor 1995 der Bauantrag oder die Bauanzeige gestellt wurde. Gefördert werden alle energetischen Maßnahmen, die zum KfW-Effizienzhaus-Standard führen. Ein solches Haus entspricht den Vorgaben der

Energieeinsparverordnung (EnEV) für Neubauten. Über das Programm lassen sich aber auch Einzelmaßnahmen finanzieren:

- Die Wärmedämmung von Wänden, Dachflächen, Keller- und Geschossdecken.
- Die Erneuerung, der Einbau und die energetische Ertüchtigung von Fenstern und Außentüren.
- Die Erneuerung oder Optimierung der Heizungsanlage.
- Der Einbau einer Lüftungsanlage.

Das Programm gibt es in zwei Varianten. Sie können einen zinsgünstigen Kredit (Programm 151) oder einen Investitionszuschuss (Programm 430) beantragen. Die maximale Kreditsumme liegt bei 75.000 Euro pro Wohneinheit beim KfW-Effizienzhaus oder bei 50.000 Euro für Einzelmaßnahmen. Der Investitionszuschuss beträgt maximal 18.750 Euro für das Effizienzhaus, für Einzelmaßnahmen gibt es maximal 5.000 Euro pro Wohneinheit. Der Investitionszuschuss hat den Vorteil, dass er nicht zurückgezahlt werden muss. Um die

Rechenbeispiel

Familie Huber möchte ihr Zweifamilienhaus energetisch sanieren und Barrieren abbauen. Fenster und Heizung sollen erneuert und die Außenwände gedämmt werden. Außerdem sollen die Bäder umgebaut, die Türen verbreitert und der Zugang zur Terrasse schwellenlos gestaltet werden. Familie Huber finanziert diese Maßnahmen über die Förderprogramme „Energieeffizient Sanieren – Einzelmaßnahmen" (151), „Energieeffizient Sanieren – Baubegleitung" (431) und „Altersgerecht umbauen" (159).

Aufstellung Finanzierung	Betrag Euro
Energieeffizient Sanieren – Einzelmaßnahmen Fenster, Heizung, Dämmung Außenwände (Höchstbetrag: 2 × 50.000 Euro pro Wohneinheit)	52.000
Sachverständiger Energie Fachberatung und Bauleitung	5.200
Altersgerecht umbauen Bäder, Türen, Zugang Terrasse (Höchstbetrag: 2 × 50.000 Euro pro Wohneinheit)	29.000
Betrag insgesamt	**86.200**
Baubegleitungszuschuss 50 Prozent der Kosten für den Sachverständigen (Höchstbetrag: 4.000 Euro pro Vorhaben)	2.600
Finanzierung insgesamt	**83.800**
(Quelle: KfW, Infobrief für Berater)	

Förderung in Anspruch nehmen zu können, müssen bestimmte Technische Mindestanforderungen erfüllt sein.

Planen Sie, Ihre Heizungsanlage auf erneuerbare Energien umzustellen und zum Beispiel eine Pelletheizung einzubauen, können Sie den Ergänzungskredit (167) beantragen. Die maximale Kreditsumme liegt bei 50.000 Euro.

Die KfW übernimmt außerdem 50 Prozent der Kosten für die Planung und Baubegleitung durch einen qualifizierten Sachverständigen. Die Höchstsumme liegt bei 4.000 Euro pro Antragsteller und Vorhaben. Dieser Zuschuss zur Baubegleitung (431) kann allerdings nur in Kombination mit den anderen Programmen im Bereich „Energieeffizient Sanieren" in Anspruch genommen werden.

(Details stehen im Internet unter www.kfw.de/inlandsfoerderung/Privatpersonen/Bestandsimmobilien/Energetische-Sanierung/)

KfW-Programm „Erneuerbare Energien – Standard – Photovoltaik (274)"

Photovoltaik-Anlagen fördert die KfW über das Programm „Erneuerbare Energien – Standard – Photovoltaik". Sie vergibt zinsgünstige Kredite für den Kauf und den Aufbau von Photovoltaik-Anlagen sowie für die Erweiterung von gebrauchten Anlagen. Voraussetzung ist, dass ein Teil des Stroms in das öffentliche Stromnetz eingespeist wird. Die Kreditsumme liegt bei maximal 25 Millionen Euro. (Internet: www.kfw.de – Stichwort „Für Privatpersonen" – „Bestandsimmobilie" – „Alle Förderprodukte auf einen Blick" – „Erneuerbare Energien – Standard –Photovoltaik".)

Förderprogramme der Länder und der Kommunen

Die meisten Bundesländer haben eigene Förderprogramme zur Wohnraumanpassung aufgelegt. Sie unterscheiden sich erheblich. Einige beziehen sich nur auf den Mietwohnungsbau, andere können auch von Eigentümern von Ein- und Zweifamilienhäusern in Anspruch genommen werden. Mal wird der „behindertengerechte Umbau" gefördert (Hessen), mal „bauliche Maßnahmen zur Reduzierung von Barrieren" (Nordrhein-Westfalen). Einige Bundesländer bieten die Förderung speziell für Familien mit minderjährigen Kindern an, andere konzentrieren sich auf Schwerbehinderte. In wieder anderen Bundesländern gibt es Kooperationen mit der KfW. Eines haben die Programme gemein: Sie werden regelmäßig überarbeitet und neu angepasst. Das macht es schwierig, einen Überblick zu bekommen. Am besten wenden Sie sich an eine Wohnberatungsstelle in der Nähe. Die Mitarbeiter wissen in der Regel gut über Finanzierungsmöglichkeiten und Förderangebote Bescheid. Außerdem können Sie bei den zuständigen Ministerien nach Förderprogrammen fragen. Der Bundesverband der Verbraucherzentralen hat im Internet eine Übersicht der Landes-Förderprogramme zusammengestellt. Unter www.baufoerderer.de bekommen Sie für jedes Bundesland eine Kurzfassung der Programme angezeigt. Außerdem werden Kontaktdaten von Ansprechpartnern genannt. Für die Abwicklung der Förderprogramme sind in der Regel landeseigene Förderbanken zuständig. Auf den Internetseiten der Förderbanken können Sie nach Förderangeboten suchen. Die Programme werden in der Regel detailliert beschrieben.

Förder- und Investitionsbanken

Bundesland	Förderbank
Baden-Württemberg	L-Bank, www.l-bank.de
Bayern	BayernLabo, www.bayern-labo.de
Berlin	Investitionsbank Berlin, www.ibb.de
Brandenburg	Investitionsbank des Landes Brandenburg, www.ib.dev
Bremen	Bremer Aufbaubank, www.bab-bremen.de
Hamburg	Hamburgische Investitions- und Förderbank, www.ifbhh.de
Hessen	Wirtschafts- und Infrastrukturbank Hessen, www.wibank.de
Mecklenburg-Vorpommern	Landesförderinstitut M-V, www.lfi-mv.de
Niedersachsen	Investitions- und Förderbank Niedersachsen – Nbank, www.nbank.de
Nordrhein-Westfalen	NRW.Bank Wohnraumförderung, www.nrwbank.de
Rheinland-Pfalz	Investitions- und Strukturbank Rheinland-Pfalz, www.isb.rlp.de
Saarland	Saarländische Investitionskreditbank, www.sikb.de
Sachsen	Sächsische Aufbaubank, www.sab.sachsen.de
Sachsen-Anhalt	Investitionsbank Sachsen-Anhalt, www.ib-sachsen-anhalt.de
Schleswig-Holstein	Investitionsbank Schleswig-Holstein, www.ib-sh.de
Thüringen	Thüringer Aufbaubank, www.aufbaubank.de

Auch einige **Städte** und **Kreise** fördern die Wohnungsanpassung. Allerdings unterscheiden sich die Rahmenbedingungen stark. In einigen Kommunen ist die Förderung an eine Beratung geknüpft. In anderen werden Mindeststandards für den Umbau gefordert. In wieder anderen Städten und Kreisen ist die Förderung an Einkommensgrenzen gebunden. Manche Kommunen vergeben Darlehen, andere Zuschüsse. Informationen erhalten Sie bei den Wohnungsbauförderungsstellen der Kommunen oder bei Wohnberatungsstellen vor Ort.

Zuschüsse der Pflege- und Krankenversicherung

Muss ein Haus umgebaut werden, weil ein Bewohner erkrankt oder auf Pflege angewiesen ist, bleibt oft wenig Zeit. Weil der Umbau nicht mit einer regulär anfallenden Modernisierung verknüpft werden kann, wird er teurer. Die gesetzliche Pflegeversicherung beteiligt sich unter bestimmten Voraussetzungen an den Umbaukosten. Hilfsmittel wie Wannenlifter oder Pflegebetten werden von der gesetzlichen Pflege- sowie Krankenversicherung bezahlt.

> **Gut zu wissen**
>
> Die Bundesregierung hat mit der jüngsten Pflegereform die Leistungen für Maßnahmen zur Wohnumfeldverbesserung auf maximal 4.000 Euro pro Anspruchberechtigten erhöht. Leben mehrere anspruchsberechtigte Personen in einem Haushalt, liegt der Höchstsatz bei 16.000 Euro. Das Pflegestärkungsgesetz soll am 1. Januar 2015 in Kraft treten.

Die Leistungen der gesetzlichen Pflegeversicherung

Viele Häuser und Wohnungen werden den Bedürfnissen Pflegebedürftiger nicht gerecht. Sie müssen umgebaut werden, um den Umzug in ein Alten- oder Pflegeheim zu verhindern. Die gesetzliche Pflegeversicherung bezuschusst solche Maßnahmen zur Wohnumfeldverbesserung, wenn dadurch die häusliche Pflege ermöglicht, erheblich erleichtert oder die pflegende Person deutlich entlastet wird. Sie beteiligt sich auch an den Kosten, wenn die Umbauten dem Pflegebedürftigen helfen, möglichst selbstständig zu leben. Gefördert werden zum Beispiel Türverbreiterungen, der Einbau von Treppenliften, festinstallierten Rampen oder der Austausch der Badewanne gegen eine flache oder bodengleiche Duschtasse. Pro Maßnahme gibt es einen Zuschuss von bis zu 2.557 Euro, ab 2015 wurden von der Regierung bis zu 4.000 Euro beschlossen.

Als Maßnahme gelten alle zum Zeitpunkt der Antragstellung notwendigen Umbauten. Benötigt ein Pflegebedürftiger einen Rollator, wären das zum Beispiel der Bau einer Rampe am Hauseingang, die Installation eines Treppenliftes im Treppenhaus und der Umbau des Bades. Verschlechtert sich der Gesundheitszustand und werden weitere Umbauten notwendig, kann der Zuschuss erneut beantragt werden. Braucht der Bewohner nach ein paar Jahren zum Beispiel einen Rollstuhl, könnte er die Maßnahmen zur Wohnumfeldverbesserung noch einmal in Anspruch nehmen, um zum Beispiel die Türen zu verbreitern, ein Liftsystem im Bad einzubauen oder die Griffe an den Fenstern auf eine rollstuhlgerechte Höhe versetzen zu lassen.

Die Leistungen der Pflegeversicherung sind personengebunden. Lebt im Haushalt eine andere pflegebedürftige Person, kann sie den Zuschuss von 2.557 Euro ebenfalls in Anspruch nehmen – wenn nötig, sogar für dieselbe Maßnahme. Ein Ehepaar bekäme also bis zu 5.114 Euro von der Pflegeversicherung für den Einbau einer Rampe oder eines Treppenliftes, wenn beide Bewohner einen Rollator benötigen.

Die Kriterien für eine Pflegestufe

Pflegestufe	Dauer des Hilfebedarf am Tag	Regelmäßigkeit des Hilfebedarfs
Pflegestufe I – Erhebliche Pflegebedürftigkeit	Insgesamt mindestens 90 Minuten, davon mindestens 46 Minuten für die Grundpflege	■ Mindestens einmal täglich bei zwei Verrichtungen der Grundpflege ■ Mehrfach pro Woche bei der hauswirtschaftlichen Versorgung
Pflegestufe II – Schwerpflegebedürftigkeit	Insgesamt mindestens 180 Minuten, davon mindestens 120 Minuten für die Grundpflege	■ Mindestens dreimal am Tag bei zwei Verrichtungen der Grundpflege ■ Mehrfach pro Woche bei der hauswirtschaftlichen Versorgung
Pflegestufe III – Schwerstpflegebedürftigkeit	Insgesamt mindestens 300 Minuten, davon mindestens 240 Minuten für die Grundpflege	■ Hilfebedarf muss rund um die Uhr bestehen, regelmäßig auch nachts zwischen 22 und 6 Uhr. ■ Mehrfach pro Woche bei der hauswirtschaftlichen Versorgung

Die Pflegekasse bezuschusst neben den Arbeits- und Materialkosten unter anderem auch eine Beratung, die Bauüberwachung sowie Gebühren für Genehmigungen. Außerdem beteiligt sie sich an den Kosten für einen Umzug in eine behindertengerechte Wohnung oder – unter bestimmten Voraussetzungen – an einem Neubau.

Maßnahmen zur Wohnumfeldverbesserung müssen bei der Pflegekasse beantragt werden. Dem Antrag muss mindestens ein Kostenvoranschlag beiliegen. Unter Umständen prüft der Medizinische Dienst der Krankenkasse, ob die Maßnahme tatsächlich notwendig ist. Deshalb sollte erst mit dem Umbau begonnen werden, wenn die Pflegekasse die Kostenübernahme bewilligt hat. Wer erst baut und dann Rechnungen einreicht, bleibt in der Regel auf seinen Kosten sitzen.

Die Leistungen der Pflegeversicherung stehen grundsätzlich nur Pflegebedürftigen mit einer Pflegestufe und Menschen mit einer „dauerhaft erheblich eingeschränkten Alltagskompetenz" zu. Ob diese Voraussetzungen erfüllt sind, prüft die Pflegekasse in einem sogenannten Begutachtungsverfahren. Unterschieden werden die Pflegestufen I bis III. Pflegestufe I steht für eine „erhebliche Pflegebedürftigkeit", Pflegestufe II für „Schwerpflegebedürftigkeit" und Pflegestufe III für eine „Schwerstpflegebedürftigkeit".

Eine „dauerhaft erheblich eingeschränkte Alltagskompetenz" liegt vor, wenn Menschen aufgrund von geistigen Einschränkungen ihren Alltag nicht selbst bewältigen können. Sie brauchen häufig keine oder nur geringe körperliche Hilfe, dafür aber Betreuung, Beaufsichtigung und Anleitung bei der täglichen Lebensführung. Dies trifft beispielsweise auf Menschen mit Demenz zu.

Ob eine „dauerhaft erheblich eingeschränkte Alltagskompetenz" vorliegt, wird im Rahmen des Begutachtungsverfahrens geprüft. Der Betreuungsbedarf muss regelmäßig – das heißt, mindestens einmal am Tag – und für voraussichtlich mindestens sechs Monate bestehen. Außerdem müssen typische Störungen auftreten, etwa das Verkennen von Alltags- und Gefahrensituationen oder ein sogenannter gestörter Tag-Nacht-Rhythmus.

Menschen mit einer „dauerhaft erheblich eingeschränkten Alltagskompetenz" wurden im Zuge der jüngsten Pflegereformen bessergestellt und bekommen mehr Leistungen der Pflegeversicherung. Inzwischen können sie zum Beispiel auch ohne Pflegestufe die Maßnahmen zur Wohnumfeldverbesserung in Anspruch nehmen.

Neben dem Zuschuss für die Umbauten bezahlt die gesetzliche Pflegeversicherung für technische Hilfsmittel, wenn diese eine Pflege erleichtern, Beschwerden des Pflegebedürftigen lindern oder ihm helfen, ein selbstständiges Leben zu führen. Die Pflegehilfsmittel stehen im Hilfsmittelverzeichnis der gesetzlichen Krankenversicherung unter den Nummern 50 aufwärts (https://hilfsmittel.gkv-spitzenverband. de/home.action).

Typische Pflegehilfsmittel sind Pflegebetten, Bettverlängerungen oder Bettnachtschränke. Aber auch ein Hausnotruf wird als technisches Hilfsmittel bezuschusst, wenn der Pflegebedürftige alleine wohnt, mit dem normalen Telefon keinen Hilferuf absetzen kann und jederzeit eine lebensbedrohliche Verschlechterung seines Zustandes zu erwarten ist. Der Hilfsmittelkatalog gibt den Rahmen vor. Die

Pflegeversicherung zahlt aber auch für andere Hilfsmittel, wenn der Antragsteller begründen kann, dass sie für die Pflege oder eine selbstständige Lebensführung notwendig sind. Professionelle Pflegedienste, Wohnberatungsstellen und Pflegestützpunkte helfen bei der Antragstellung.

Pflegehilfsmittel stehen sowohl Menschen mit einer Pflegestufe als auch Personen mit einer „dauerhaft erheblich eingeschränkten Alltagskompetenz" zu. Die Pflegehilfsmittel müssen bei der Pflegekasse beantragt werden. Eine ärztliche Verordnung ist nicht notwendig. Genehmigt die Pflegeversicherung ein Hilfsmittel, trägt sie die Kosten bis zu einem Eigenanteil. Der Versicherte muss zehn Prozent der Kosten, höchstens aber 25 Euro pro Hilfsmittel selbst bezahlen.

Die Leistungen der gesetzlichen Krankenversicherung

Die gesetzliche Krankenkasse zahlt ebenfalls für Hilfsmittel, wenn diese erforderlich sind, um Krankheiten zu verhindern und ihre Behandlung abzusichern, Behinderungen vorzubeugen oder auszugleichen und eine Pflegebedürftigkeit zu vermeiden.

Private Krankenversicherungen zahlen nicht generell für Hilfsmittel. Ob sie die Kosten übernehmen, hängt vom jeweiligen Vertrag ab. Erkundigen Sie sich bei Ihrer Kasse.

Voraussetzung ist in der Regel eine ärztliche Verordnung. Außerdem sollte das Hilfsmittel im Hilfsmittelverzeichnis der gesetzlichen Krankenversicherung gelistet sein. Nur in Ausnahmen übernimmt die Krankenversicherung Kosten für andere Hilfsmittel, wenn diese medizinisch notwendig sind. Grundsätzlich nicht bezahlt werden Gebrauchsgegenstände des täglichen Lebens. Diese Abgrenzung ist im Einzelfall schwierig. So gelten manche Haltegriffe im Bad als Hilfsmittel, andere aber nicht. Für Laien sind die Unterschiede schwer zu erkennen. Deshalb ist es sinnvoll, sich vor der Antragstellung zum Beispiel bei einer Wohnberatungsstelle oder in einem Sanitätshaus zu informieren.

Typische Hilfsmittel sind Anti-Rutsch-Teppich-unterlagen, Rollatoren und Rollstühle, Dusch-hocker und Duschklappsitze, Badewannen-lifter, Stützgriffe für Waschbecken und WC, Toilettenstühle, WC-Aufsätze mit Wascheinrichtung und Türgriffverlängerungen. Größere Sanitätshäuser oder Apotheken haben geschulte Mitarbeiter, die zu den unterschiedlichen Hilfsmitteln beraten. Das ist wichtig, weil nicht jedes Hilfsmittel für jede Person und jede Wohnung geeignet ist. Ein Wannenlifter lässt sich zum Beispiel nicht in einem engen Bad nutzen. In einem solchen Fall sind andere Lösungen gefragt.

Hilfsmittel müssen bei der Krankenkasse beantragt werden. Wer ein Hilfsmittel selbst kauft und nachträglich die Rechnung einreicht, bleibt in der Regel auf den Kosten sitzen. Genehmigt die Kasse die Anschaffung, trägt sie die anfallenden Kosten bis auf einen Eigenanteil. Der Versicherte muss 10 Prozent

des Preises, höchstens jedoch 10 Euro pro Hilfsmittel zuzahlen. Das gilt allerdings nicht immer: Für manche Hilfsmittel erstattet die Krankenversicherung nur Festpreise, bei anderen übernimmt sie lediglich die vertraglich vereinbarten Kosten für die Versorgung. Die Leistungserbringer – das sind in der Regel Apotheken und Sanitätshäuser – bieten für den ausgehandelten Betrag nur Standardprodukte an. Möchten Sie mehr Komfort, müssen Sie die Differenz selbst zahlen.

Gut zu wissen

Größere Hilfsmittel wie Pflegebetten werden häufig leihweise überlassen, wenn sie den Anforderungen des Patienten entsprechen. Lehnt ein Patient die leihweise Überlassung ohne zwingenden Grund ab, muss er die vollen Kosten tragen.

Für Laien ist es oft schwierig zu erkennen, ob ein Hilfsmittel von der gesetzlichen Kranken- oder der Pflegeversicherung bezahlt wird. Das ist nicht schlimm, weil die Pflegekasse immer an die gesetzliche Krankenkasse angegliedert ist. Ist eine Kasse nicht zuständig, muss sie den Antrag intern weiterleiten. Es kann aber passieren, dass sich beide Kostenträger nicht zuständig fühlen und den Antrag hin- und herschieben – zum Nachteil der Betroffenen.

(Mehr Informationen zu den Leistungen der Kranken- und Pflegeversicherung stehen in den Ratgebern „Angehörige zu Hause pflegen" und „Pflegeversicherung" der Verbraucherzentralen.)

Wer noch für Umbauten zahlt

Neben der gesetzlichen Pflegeversicherung übernehmen noch weitere Träger Kosten für die Wohnungsanpassung. Die Leistungen sind aber an bestimmte Voraussetzungen geknüpft und kommen daher nur für eine kleine Gruppe von Hauseigentümern und Mietern zum Tragen. Bei allen Leistungsträgern gilt: Zuerst muss der Antrag gestellt werden, bevor mit den Umbaumaßnahmen begonnen werden darf. Wer sich nicht daran hält, verliert in der Regel den Anspruch auf Kostenübernahme. Detaillierte Informationen geben die zuständigen Leistungsträger. Wer sich grundsätzlich informieren möchte, kann sich an die Wohnberatungsstellen wenden.

Rehabilitationsträger

Die Rehabilitationsträger beteiligen sich an Kosten zur Wohnungsanpassung, wenn dadurch die Erwerbsfähigkeit behinderter oder von Behinderung bedrohter Menschen erhalten, verbessert oder wiederhergestellt wird. Ziel ist, die Teilhabe am Arbeitsleben möglichst dauerhaft zu sichern. Gefördert werden nur Umbauten, die zum Erreichen des Arbeitsplatzes notwendig sind, etwa die Anpassung des Wohnungszugangs. Für Maßnahmen, die der allgemeinen Lebensführung dienen – etwa den Umbau des Bades –, gibt es kein Geld. Die Leistungen werden „in angemessenem Umfang" als Darlehen oder Zuschüsse gewährt. Für sozialversicherungspflichtige Arbeitnehmer und arbeitsfähige Personen ist das Arbeitsamt zuständig. Wer mehr als 15 Jahre sozialversicherungspflichtig beschäftigt war, muss sich an die Rentenversicherungsanstalt wenden. Für Beamte und

Selbstständige sind die Integrationsämter Ansprechpartner. Informationen zu allen Fragen der Rehabilitation geben die Gemeinsamen Service-Stellen (www.reha-servicestellen.de). Die Mitarbeiter beraten zu den Leistungen und helfen bei der Antragstellung.

Berufsgenossenschaften/ Unfallkassen

Die Berufsgenossenschaften und Unfallkassen zahlen für die Wohnungsanpassung, wenn eine Behinderung auf einen Arbeitsunfall oder eine Berufskrankheit zurückzuführen ist. Muss das Haus aufgrund der Behinderung umgebaut werden, übernehmen sie die notwendigen Kosten. Voraussetzung ist, dass die Behinderung nicht nur vorübergehend vorliegt und die betroffene Person nicht oder nur sehr schwer in der Lage ist, Alltagsverrichtungen in der Wohnung/dem Haus durchzuführen oder das Haus zu verlassen. Die Berufsgenossenschaften/Unfallkassen übernehmen außerdem Kosten für Hilfsmittel. Muss der Versicherte in eine behindertengerechte Wohnung umziehen, beteiligen sie sich an den Umzugskosten. Darüber hinaus bezuschussen sie Neubauten, wenn das Haus barrierefrei errichtet wird. Maßgabe ist die DIN 18040-2. Die Leistungen der Berufsgenossenschaften/Unfallkassen werden unabhängig vom Einkommen und Vermögen der Versicherten gewährt.

Kostenübernahme durch das Sozialamt

Ist kein anderer Leistungsträger zuständig, kann das Sozialamt Maßnahmen zur Wohnungsanpassung bezahlen. Die Unterstützung ist abhängig vom Einkommen und Vermögen des Antragstellers. Sie wird nur gewährt, wenn der Betroffene „bedürftig" ist. Das heißt: Er darf nicht selbst in der Lage sein, notwendige Maßnahmen zu ergreifen. Im begründeten Einzelfall zahlt das Sozialamt für Anpassungsmaßnahmen in Miet- und Eigentumswohnungen, für die Erhaltung behindertengerechten Wohnungseigentums, für den Umzug in eine barrierefreie Wohnung und für den Erwerb von barrierefreiem Wohnraum.

Steuererleichterungen

Hausbesitzer können alle Reparaturen, Modernisierungsarbeiten und Erhaltungsmaßnahmen am eigenen Haus oder der selbstgenutzten Eigentumswohnung als **Handwerkerleistungen** steuerlich geltend machen. Dazu zählen unter anderem der Austausch von Fenstern und Türen, Maler-, Tapezier- und Fliesenarbeiten, der Austausch und die Wartung der Heizungsanlage und der Elektro-, Gas- und Wasserinstallationen oder die Modernisierung des Badezimmers. Auch eine Fassadendämmung oder Arbeiten zur Gartengestaltung werden steuerlich berücksichtigt. Voraussetzung ist, dass ein bestehendes Gebäude umgebaut wird. Handwerkerleistungen an einem Neubau lassen sich nicht steuerlich geltend machen. Das galt bislang auch für Anbauten oder Erweiterungsbauten an einem bestehenden Haus, etwa einen Wintergarten. Der Ausbau von Dachboden und Keller zu Wohnräumen war bisher ebenfalls ausgenommen. Seit Anfang 2014 erkennen die Finanzämter aber auch diese Arbeiten an.

Als Eigentümer dürfen Sie 20 Prozent von maximal 6.000 Euro Handwerkerrechnung von der Steuerschuld abziehen. Das sind 1.200 Euro im Jahr.

> **Tipp**
>
> Bei Umbauten am Jahresende können Sie den Höchstbetrag von 1.200 Euro zweimal ausschöpfen, wenn Sie einen Vorschuss leisten oder Teile der Rechnungen erst im Folgejahr bezahlen. Maßgebend ist nämlich nicht das Jahr, in dem die Arbeiten durchgeführt wurden, sondern der Zeitpunkt der Zahlung.

Absetzbar sind allerdings nur die Lohn-, Arbeits- und Fahrtkosten sowie die darauf entfallende Mehrwertsteuer. Materialkosten werden nicht berücksichtigt. Achten Sie deshalb darauf, dass Lohn- und Materialkosten auf der Rechnung getrennt aufgeführt werden. Außerdem muss die Rechnung per Überweisung beglichen werden. Die Finanzämter akzeptieren keine Barzahlungen, selbst wenn die Zahlung quittiert wird. Heben Sie Rechnungen und Belege unbedingt auf. Die Unterlagen müssen zwar nicht mehr mit der Steuererklärung eingereicht werden. Es kann aber sein, dass das Finanzamt sie nachträglich einfordert.

Neben den Handwerkerleistungen lassen sich **haushaltsnahe Dienstleistungen** von der Steuer absetzen. Als haushaltsnahe Dienstleistungen gelten Arbeiten, die regelmäßig anfallen und normalerweise von Mitgliedern des Haushalts erledigt werden: etwa Gartenpflege, Fenster putzen, die Wohnung reinigen. Wenn Sie für solche Arbeiten eine Firma beauftragen, können Sie 20 Prozent des Entgelts, maximal aber 4.000 Euro im Jahr, von der Steuerschuld abziehen. Sie zahlen dadurch also bis zu 4.000 Euro weniger Steuern. Das Finanzamt erkennt wiederum nur die Arbeits- und Fahrtkosten zuzüglich der darauf entfallenden Mehrwertsteuer an. Materialkosten bleiben unberücksichtigt. Außerdem muss die Rechnung per Überweisung beglichen werden.

In bestimmten Fällen können Umbauten zur Wohnungsanpassung als **außergewöhnliche**

Belastung in der Steuererklärung geltend gemacht werden. Der Umbau muss medizinisch notwendig sein, zum Beispiel wegen einer schweren Krankheit oder Behinderung. Mittlerweile erkennen die Finanzämter auch eine Bescheinigung vom Hausarzt an, sie wollen aber in der Regel vor dem Umbau ein Attest von einem Amtsarzt sehen. Erkundigen Sie sich am besten beim Finanzamt oder in einer Wohnberatungsstelle, unter welchen Voraussetzunge ein Umbau als außergewöhnliche Belastung anerkannt wird. Und der Bundesfinanzhof hat entschieden: Größere Umbauten dürfen auf fünf Jahre verteilt werden (Az. VI R 68/13).

Anhang

Wichtige Adressen

Barrierefrei leben e. V.
Internet: www.online-wohn-beratung.de

Braunschweiger Informatik- und Technologie-Zentrum (BITZ)
kostenfreies Service-Telefon 0800/436 52 25
Telefon 07 61/1 56 24 00
Fax 07 61/15 62 47 90
Internet: http://geniaal-beraten.de

Bundesamt für Wirtschaft und Ausfuhr-kontrolle (BAFA)
Informationen zur Vor-Ort-Beratung,
Telefon 0 61 96/90 88 80
Internet: www.bafa.de/, Stichwort „Energie" – „Vor-Ort-Beratung"

Bundesarbeitsgemeinschaft Wohnungs-anpassung e. V.
Verein zur Förderung des selbstständigen Wohnens älterer und behinderter Menschen
Telefon 0 30/47 53 17 19
Internet: www.bag-wohnungsanpassung.de

Bundesarchitektenkammer
Telefon 0 30/2 63 94 40
Internet: www.bak.de, mit Links zu den Länder-architektenkammern

Förderverein Lebensgerechtes Wohnen (OWL)
Telefon 05 21/2 70 64 90
Internet: www.lebensgerechtes-wohnen.de

GTT Deutsche Gesellschaft für Gerontotechnik
Telefon 0 23 71/9 59 50
Internet: www.gerontotechnik.de/

Haus & Grund Deutschland
Zentralverband der Deutschen Haus-, Woh-nungs- und Grundeigentümer
Telefon 030/20 21 60
Internet: www.hausundgrund.de, mit Links zu Ansprechpartnern vor Ort

KfW-Bank
kostenfreies Service-Telefon 0800/5 39 90 02
Internet: www.kfw.de

kom.fort
gemeinnütziger Verein zur Beratung für barrierefreies Bauen und Wohnen
Telefon 0421/79 01 10
Internet: www.kom-fort.de

Mobile Wohnberatung
Telefon 06 21/18 00 21 55
Internet: www.mobile-wohnberatung.de

SmartHome Initiative Deutschland
Telefon 0 30/60 98 62 43
Internet: www.smarthome-deutschland.de

Stattbau Berlin
Telefon 030/69 08 10
Internet: www.stattbau.de

Verband Privater Bauherren (VPB)
Telefon 0 30/2 78 90 10
Internet: www.vpb.de, mit Verbraucherinforma-
tionen unter anderem zum Barriereabbau

Zentralverband des Deutschen Handwerks
Telefon 0 30/20 61 90
Internet: www.zdh.de mit Links zu den regiona-
len Handwerkskammern

Adressen der Verbraucherzentralen

Verbraucherzentrale Baden-Württemberg e. V.
Paulinenstraße 47, 70178 Stuttgart
Telefon 0 18 05/50 59 99 (0,14 €/min, Mobilfunk-
preis maximal 0,42 €/min), Fax 07 11/66 91-50
www.verbraucherzentrale-bawue.de

Verbraucherzentrale Bayern e. V.
Mozartstraße 9, 80336 München
Telefon 0 89/53 98-70, Fax 0 89/53 75 53
www.verbraucherzentrale-bayern.de

Verbraucherzentrale Berlin e. V.
Hardenbergplatz 2, 10623 Berlin
Telefon 0 30/2 14 85-0, Fax 0 30/2 11 72 01
www.verbraucherzentrale-berlin.de

Verbraucherzentrale Brandenburg e. V.
Templiner Straße 21, 14473 Potsdam
Telefon 03 31/2 98 71-0, Fax 03 31/2 98 71-77
www.vzb.de

Verbraucherzentrale des Landes Bremen e. V.
Altenweg 4, 28195 Bremen
Telefon 04 21/16 07 77, Fax 04 21/1 60 77 80
www.verbraucherzentrale-bremen.de

Verbraucherzentrale Hamburg e. V.
Kirchenallee 22, 20099 Hamburg
Telefon 0 40/2 48 32-0, Fax 0 40/2 48 32-290
www.vzhh.de

Verbraucherzentrale Hessen e. V.
Große Friedberger Straße 13–17, 60313 Frankfurt/
Main
Telefon 0 18 05/97 20 10 (0,14 €/min, Mobilfunk-
preis maximal 0,42 €/min), Fax 0 69/97 20 10-40
www.verbraucher.de

Verbraucherzentrale Mecklenburg-Vorpommern e. V.
Strandstraße 98, 18055 Rostock
Telefon 03 81/2 08 70 50, Fax 03 81/2 08 70 30
www.nvzmv.de

Verbraucherzentrale Niedersachsen e. V.
Herrenstraße 14, 30159 Hannover
Telefon 05 11/9 11 96-0, Fax 05 11/9 11 96-10
www.vzniedersachsen.de

Verbraucherzentrale Nordrhein-Westfalen e. V.
Mintropstraße 27, 40215 Düsseldorf
Telefon 02 11/38 09-0, Fax 02 11/38 09-172
www.vz-nrw.de

Verbraucherzentrale Rheinland-Pfalz e. V.
Seppel-Glückert-Passage 10, 55116 Mainz
Telefon 0 61 31/28 48-0, Fax 0 61 31/28 48-66
www.verbraucherzentrale-rlp.de

Verbraucherzentrale des Saarlandes e. V.
Trierer Straße 22, 66111 Saarbrücken
Telefon 06 81/5 88 89-0, Fax 06 81/5 88 09-22
www.vz-saar.de

Verbraucherzentrale Sachsen e. V.
Katharinenstraße 17, 04109 Leipzig
Telefon 03 41/6 88 80 80, Fax 03 41/6 89 28 26
www.vzs.de

Verbraucherzentrale Sachsen-Anhalt e. V.
Steinbockgasse 1, 06108 Halle
Telefon 03 45/2 98 03-29, Fax 03 45/2 98 03-26
www.vzsa.de

Verbraucherzentrale Schleswig-Holstein e. V.
Andreas-Gayk-Straße 15, 24103 Kiel
Telefon 04 31/5 90 99-10, Fax 04 31/5 90 99-77
www.verbraucherzentrale-sh.de

Verbraucherzentrale Thüringen e. V.
Eugen-Richter-Straße 45, 99085 Erfurt
Telefon 03 61/5 55 14-0, Fax 03 61/5 55 14-40
www.vzth.de

Verbraucherzentrale Bundesverband e. V.
Markgrafenstraße 66, 10969 Berlin
Telefon 0 30/2 58 00-0, Fax 0 30/2 58 00-5 18
www.vzbv.de

Stichwortverzeichnis

Impressum

Herausgeber

Verbraucherzentrale Nordrhein-Westfalen e. V.
Mintropstraße 27, 40215 Düsseldorf
Telefon 02 11/38 09-555, Fax 02 11/38 09-235
ratgeber@vz-nrw.de
www.vz-nrw.de

Mitherausgeber

Verbraucherzentrale Hamburg e. V.
Kirchenallee 22, 20099 Hamburg
Telefon 0 40/2 48 32-0, Fax 0 40/2 48 32-290
www.vzhh.de

Autorin
Carina Frey

Fachliche Betreuung
Dipl.-Ing. Architektin Elisabeth Mertens
Dipl.-Ing. Ulrike Rau, Berlin
Architektin & Sachverständige für Barrierefreiheit
rau-m-konzepte.de
Heike Nordmann
Hans W. Fröhlich, Wirschaftsjournalist

Koordination
Frank Wolsiffer

Lektorat
Heike Plank, Holtum

Korrektorat
Hartmut Schönfuß, Berlin

Bildredaktion
Christine Kostka, Heike Plank

Gestaltungskonzept
Kommunikationsdesign Petra Soeltzer,
Düsseldorf, www.petrasoeltzer.de

Umschlaggestaltung
Ute Lübbeke, www.LNT-design.de

Layout und Produktion
eScriptum GmbH & Co KG, Berlin
www.escriptum.de

Titelfoto

Artur Images, Frank Herfort

Bildnachweis (Fotos und Zeichnungen)

Alexianer St. Hedwig-Krankenhaus Berlin
   (Fotos: Ulrike Rau): S. 73

Alumat, Kaufbeuren: S. 11 rechts oben, 58, 60

Artweger, GmbH. & Co. KG, Bad Ischl: S. 92, 99 links

Barrierefrei Leben e.V., Hamburg: S. 81 rechts

BEMM GmbH, Giesen: S. 106 rechts

Cathrine Stukhard, www.stukhard.at: S. 12, 57 links

Eimsig HausDisplay, EFP GmbH, Gudensberg,
   www.eimsig-smarthome.com: S. 143

Fotolia: S. 3/36/146 (© Gina Sanders),
   6 (© Friedberg), 13 (© Sergione),
   22 (© Krawczyk-Foto), 38 (© Gina Sanders),
   40 (© Matthias Buehner), 57 rechts (© Chedges),
   62 (© Sandra Thiele), 67 rechts (© Lars Zahner),
   68 rechts (© PAO joke), 72 rechts (© WoGi),
   75 links (© Creativemarc), 76 (© dazarter),
   82 (© alexandre zveiger), 83 rechts
   (© poligonchik), 85 (© archideaphoto),
   93 links (© Photographee.eu), 110 (© Photo-
   graphee.eu), 147 (© eldorado), 148 (© SyB),
   172 (© Les Cunliffe)

Geberit GmbH, Pfullendorf: S. 96

GESOBAU AG, Berlin: S. 80 links

Gira Giersiepen GmbH & Co. KG, Radevormwald:
   S. 14, 141, 142s

Glunz Treppen, Hamburg: S. 84

Guldmann GmbH, Wiesbaden: S. 50 rechts, 59

HausRheinsberg Hotel am See, Rheinsberg:
   S. 80 rechts, 81 links, 106 links

Horst Lünser, Berlin: S. 66

HS-C. Hempelmann KG, Hildesheim:
   S. 105 oben links

iStock: S. 83 links (© triffitt)

Kesseböhmer Holding e.K., Bad Essen: S. 113,
   115, 116, 117, 118

Küffner Aluzargen GmbH & Co. OHG, Rheinstetten:
   S. 95 oben

Mathilde Escher Heim für Menschen mit Körper-
   behinderung, Zürich: S. 104 unten links

Plan-b GmbH, Arnsberg: S. 51

Seniorenstiftung Prenzlauer Berg und Tochter-
   unternehmen, Berlin: S. 93 rechts, 105 rechts

SLV Elektronik GmbH, Übach Palenberg: S. 49,
   53, 61

Treppenmeister GmbH, Jettingen: S. 87

Ulrike Rau, rau^{m}konzepte – Berlin: S. 1c, 29, 41,
   44, 45, 48 rechts, 63, 67, 72 links, 77, 78, 79, 86,
   91, 98, 100, 101, 103, 104 oben links, unten
   Mitte und rechts, 107, 111, 112, 123, 126, 130,
   131, 133, 136

Verbraucherzentrale NRW, Düsseldorf: S. 11 links
   oben und rechts unten, 30, 31, 32, 39, 42, 43,
   46, 47, 48, 50 links, 54, 56, 64, 68 links, 69, 75
   rechts, 89, 90, 95 unten, S. 138, S. 160

Druck

CPI books GmbH, Leck

Gedruckt auf 100 % Recyclingpapier

Redaktionsschluss September 2014

Noch Fragen?

Die Beratung der Verbraucherzentralen

Die Experten der Verbraucherzentrale beraten Sie individuell, kompetent und unabhängig – unter anderem zu folgenden Themen:

- Energie
- Recht
- Geld und Kredit
- Immobilienfinanzierung
- Versicherungen
- Gesundheit und Pflege
- Medien und Telekommunikation

www. Alle Informationen über eine persönliche Beratung erhalten Sie unter www.verbraucherzentrale.de oder in Ihrer Beratungsstelle.

Die Ratgeber der Verbraucherzentrale:
Unabhängig. Kompetent. Praxisnah.

Vom gebrauchten Haus zum Traumhaus

Gebrauchte Immobilien lassen sich mitunter sehr günstig erwer-
ben. Doch häufig entspricht der Standard solcher Häuser nicht
den heutigen Wohnbedürfnissen: zu kleine Kinderzimmer, Wohn-/
Essbereich und Küche sind separiert, der Dachstuhl ist unbewohn-
bar und die Heizungs-, Elektro- und Sanitärinstallationen sind veraltet. Der Ratgeber erläutert Schritt für Schritt, wie aus fast jedem
Haus das individuelle Traumhaus werden kann.

1. Auflage 2012, 224 Seiten, 12,90 Euro

Gebäude modernisieren – Energie sparen

Wer über die Modernisierung seines Hauses nachdenkt, kann
auf jede Menge Einsparpotenzial stoßen: Wände, Fenster, Türen,
Dach, Heizungs- und Warmwassertechnik könnten auf den neus-
ten Stand gebracht und damit der Verbrauch von Öl, Gas oder
Strom eingedämmt werden. Aber welche Maßnahmen sind wirklich sinnvoll? Und was wird die Generalüberholung des Hauses
kosten? Wann hat sich die Modernisierung amortisiert? Zusätzlich
unterstützt Sie die **CD-ROM** beim großen Haus-Check.

4. Auflage 2012, 184 Seiten mit CD-Rom, 12,90 Euro

Heizung und Warmwasser

Längst gibt es mit Solarkollektoren, Pelletheizungen, Wärmepumpen und sogar Blockheizwerken gute Alternativen zu Öl- und Gas-
heizungen. Doch nicht jede Heizungsanlage ist sinnvoll für jedes
Haus. Dieser Ratgeber hilft Kostenbilanz, Energieeffizienz und
Abgaswerte der verschiedenen Systeme in Einklang zu bringen. Er
liefert darüber hinaus nützliche Hinweise zu den Themen Lüftung
und Dämmung.
Mit zahlreichen Grafiken und Tabellen sowie hilfreichen Adressen
und Links von Institutionen und Organisationen.

13. Auflage 2013, 208 Seiten, 9,90 Euro